W0260460

Wissenschaftliche Taschenbücher

in dieser Reihe vermitteln führende Wissenschaftler aus Ost und West, aus allen Sprachgebieten, aus Gegenwart und Vergangenheit den wissenschaftlich Arbeitenden gut fundierte Darstellungen von hohem Niveau. Dem Praktiker wird ermöglicht, sich schnell einen Überblick über ein ihn interessierendes Fachgebiet zu verschaffen.

Einzelband DM 3,80 – Großband DM 4,80 – Doppelband DM 6,80 – Dreifachband DM 9,80

Gemeinsam verlegt von: Akademie-Verlag, Berlin und Pergamon Press, Oxford und Vieweg Verlag, Braunschweig.

uni-texte

Studienbücher und Lehrbücher

begleiten den Studenten vom ersten Tage seines Studiums an. Die Studienbücher der uni-texte sind die Hilfe, auf die es bei der Vorbereitung auf die Vorlesung, dem Wiederholen des Vorlesungsstoffes und der Erarbeitung des Prüfungsstoffes ankommt. Der enge Zusammenhang mit bestehenden Vorlesungen, die lebendige Art der Darstellung und der niedrige Ladenpreis sind ihre Hauptmerkmale. Die Lehrbücher der uni-texte runden das bereits erworbene Wissen ab. Sie bieten dem Studenten wie auch dem bereits Ausgebildeten die Möglichkeit, jederzeit die Entwicklung in einem bestimmten Fachgebiet verfolgen und so die eigenen Kenntnisse auf dem laufenden halten zu können.

Einzelband DM 6,80 – Großband DM 9,80 – Doppelband DM 12,80 – Dreifachband DM 16,80

Gemeinsam verlegt von: Akademische Verlagsgesellschaft, Frankfurt und Vieweg Verlag, Braunschweig.

Studienausgaben

sind besonders preiswerte Ausgaben wichtiger Veröffentlichungen aus Philosophie, Mathematik, Naturwissenschaft und Technik. Die Arbeiten mehrerer Nobelpreisträger wurden in dieser Reihe veröffentlicht.

Verlegt von: Vieweg Verlag, Braunschweig.

WALTER BÖHME

Erscheinungsformen und Gesetze des Zufalls

WALTER BÖHME

Erscheinungsformen und Gesetze des Zufalls

Eine elementare Einführung in die Grundlagen und Anwendungen der Wahrscheinlichkeitsrechnung und mathematischen Statistik

Mit 23 Abbildungen

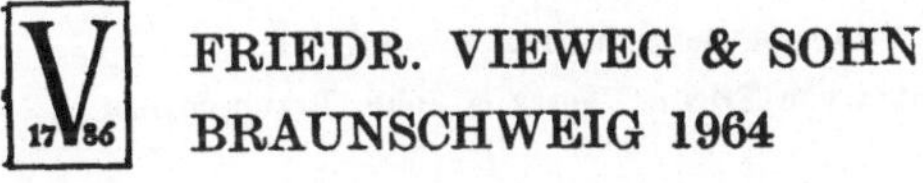

FRIEDR. VIEWEG & SOHN
BRAUNSCHWEIG 1964

ISBN 978-3-322-97906-3 ISBN 978-3-322-98437-1 (eBook)
DOI 10.1007/978-3-322-98437-1

Vorwort

Die Mathematik ist im Laufe der letzten Jahrzehnte immer mehr in die verschiedenen Bereiche des menschlichen Lebens eingedrungen und beeinflußt über die Technik und die rationalisierte Wirtschafts- und Verwaltungsorganisation — teils mehr teils weniger sichtbar — unser ganzes äußeres Dasein. Der Prozeß der Mathematisierung unseres täglichen Lebens hält weiter an. Diesem Umstand steht aber nun die seltsame Tatsache gegenüber, daß die Ausbreitung mathematischer Kenntnisse und Fähigkeiten in den breiten Schichten der Gebildeten so gering geblieben ist, wie vordem. Der Grund für dieses Mißverhältnis ist darin zu suchen, daß mangels geeigneter Literatur die mathematischen Dinge demjenigen, der die Schule verlassen hat, im allgemeinen wenig zugänglich sind. Wenn auch kein Leser verlangen wird, daß ein Buch über einen mathematischen Gegenstand sich lesen lassen soll wie ein Roman, so erhebt er aber doch Anspruch darauf, daß der Gewinn, den er beim Durcharbeiten eines Buches hat, stets in einem nicht zu ungünstigen Verhältnis steht zu der von ihm aufgewandten Mühe.

Der Verfasser hat deshalb den Versuch unternommen, auf möglichst schonende Weise den Leser in eine Disziplin der angewandten Mathematik einzuführen, die von ganz besonderem Einfluß auf das praktische menschliche Leben ist, deren Methoden als Werkzeug wohl in jeder anderen Wissenschaft benötigt werden und die überdies — weit über blosse Nützlichkeitsforderungen hinausgehend — bedeutende eigene Bildungswerte einschließt. Er will die wichtigsten Erkenntnisse und Methoden der Wahrscheinlichkeitsrechnung und ihrer Tochterdisziplinen einem weiten Kreis der Gebildeten vermitteln. Insbesondere denkt er hier auch an die Vertreter anderer (d.h. nichtmathematischer) Wissenschaften, die die Methoden der mathematischen Statistik benötigen, wie das in hohem Maße z.B. beim forschenden Mediziner oder beim Volkswirt der Fall ist.

Das Hauptanliegen des Verfassers ist didaktischer Natur. Er hat stets versucht, neue Begriffe dem Leser erst mit einem anschaulich vorstellbaren Inhalt zu erfüllen, ehe er ihm zumutet, weiter damit zu arbeiten. Anwendungen und Weiterentwicklung der Theorie greifen eng ineinander. Das Ziel sollte sein, jeweils mit möglichst wenig mathematischem Werkzeug möglichst viel zu arbeiten und zu erreichen. Der Verfasser ist der Überzeugung, daß ein solches Vorgehen auch den Beifall desjenigen Lesers findet, der mit mathematischen Vorkennt-

nissen reichlicher gesegnet ist. Der berechtigten Forderung nach wissenschaftlicher Systematik konnte trotzdem in ausreichender Weise Rechnung getragen werden.
Da der Zusammenhang zwischen der Wirklichkeit und dem von der Wirklichkeit an sich unabhängigen Axiomensystem der Wahrscheinlichkeitsrechnung nur hergestellt werden kann durch das eigene „statistische Erlebnis", hat der Verfasser eine Reihe einfach auszuführender statistischer Experimente mit Würfel und Wurfmünze vorgeschlagen, von denen er annimmt, daß sie für den Leser recht eindrucksvoll verlaufen.
Es wurde stets versucht, dem Leser die feste Überzeugung von der Richtigkeit des Dargebotenen zu vermitteln, ohne ihn durch langatmige formale Beweise unnötig vor den Kopf zu stoßen und ihn so zu veranlassen, auf halbem Wege mißmutig die Flinte ins Korn zu werfen. Lediglich im IV. Abschnitt des Buches war trotz guten Willens ein solches Verfahren in zwei Fällen nicht möglich. Und zwar ist in Nr. 16 die verbesserte Streuungsformel und in Nr. 18 das Gaußsche Verteilungsgesetz nicht vollständig hergeleitet, sondern in der endgültigen Gestalt zunächst nur mitgeteilt worden. Um aber den mathematisch Anspruchsvollen unter den Lesern nicht zu vergrämen, wurden die in diesen Fällen nötigen Beweise, die z.T. einige weitergehende Kenntnisse der Infinitesimalrechnung voraussetzen, im Anhang des Buches nachgetragen. Ihr Studium ist für das Verständnis des sonstigen Buchinhalts nicht unbedingt erforderlich. Der Verfasser glaubte, durch dieses Vorgehen den verschiedenartigen Ansprüchen am besten gerecht zu werden. Zwar werden die im Anhang befindlichen Beweise nicht ganz so einfach zu lesen sein, wie die übrigen Teile des Buches, aber alle wesentlichen Schritte wurden auch dort wirklich durchgeführt ohne die üblichen Hinweise auf Dinge, die der Leser „unschwer selbst findet". Insbesondere wurde bei der Herleitung der Gaußschen Verteilung nicht, wie leider in fast jedem Lehrbuch, einfach die „bekanntlich geltende" Stirlingsche Formel zitiert.
Der Verfasser hofft, auf diese Weise eine zwar bescheidene, aber — wenn nicht übertriebene und unbillige Anforderungen an die Strenge gestellt werden — solide Grundlage geschaffen zu haben, die den Leser wirklich in die Dinge hineinführt und die auch als Ausgangsbasis für eventuelles weitergehendes Studium geeignet ist. Der Leser, der das Bedürfnis zu letzterem hat, findet in einem abschließenden Kapitel noch Ratschläge und Literaturhinweise hierfür.
Zum Schluß danke ich noch Herrn Prof. Dr. *Stange* in Aachen für einige wertvolle Hinweise und meinem Sohn cand. med. *Ulrich Böhme* für das sorgfältige Mitlesen des größten Teiles der Korrekturen.

Essen-Rüttenscheid, im Juli 1964 *W. Böhme*

Inhaltsverzeichnis

I. Grundbegriffe und Grundlehren

1. Die Begriffe Zufall und Wahrscheinlichkeit. Das Gesetz der großen Zahlen

Die wissenschaftliche Disziplin, mit der wir uns befassen wollen, ist die *Wahrscheinlichkeitsrechnung*. Allen Wissenschaften ist gemeinsam ihr Streben nach dem hohen Ziel der Wahrheit. Es erhebt sich die Frage: Macht die Wahrscheinlichkeitsrechnung etwa hier eine unrühmliche Ausnahme, indem sie, statt nach der erhabenen *Wahrheit* zu suchen, sich mit der billigeren *Wahrscheinlichkeit* begnügt? – Weiter drängt sich noch eine Frage auf: Von den Gesetzen des Zufalls soll hier die Rede sein. Ist diese Bezeichnung nicht paradox insofern, als der *Zufall* gerade das *Ungesetzmäßige*, das Regellose, das Willkürliche ist? – Ehe wir diese beiden unangenehmen Fragen verneinen können, müssen wir erst genau klären, was wir denn unter Wahrscheinlichkeit und unter Zufall im Sinne der Wahrscheinlichkeitsrechnung zu verstehen haben.

Zu diesem Zweck wollen wir ohne alle Umschweife gleich in medias res gehen. Wenn wir ein Geldstück in die Höhe werfen, so wird es beim Flug durch die Luft einige schnelle und komplizierte Drehungen ausführen, dann auf den Boden aufschlagen und nach einigen schnellen Spring-, Tanz- oder Rollbewegungen schließlich liegen bleiben. Dabei kommt entweder die Vorderseite der Münze mit der wertangebenden Zahl nach oben zu liegen oder ihre Rückseite. Wiederholen wir den Versuch mehrere Male, so werden im allgemeinen in regelloser Folge beide Ereignisse eintreten. Der Verfasser hat z.B. soeben bei zwölfmaligem Werfen die Folge

A B B A A A B B A A B A

erhalten, wobei mit A das Fallen der Vorderseite und mit B das Fallen der Rückseite notiert worden ist. Wir sagen dann wohl: Das Fallen von A oder von B „hängt vom Zufall ab". Das soll in diesem Zusammenhang bedeuten, daß die wirbelnde Bewegung des Geldstücks so kompliziert ist, und daß so viele von uns nicht erfaßbare wechselnde Ursachen mitwirken, daß es uns weder gelingt, den Bewegungsablauf vorauszuberechnen, noch durch entsprechend geschicktes Einrichten der Anfangsbedingungen (Fallhöhe, Impuls und Drehimpuls der Münze) das Ergebnis willkürlich zu beeinflussen. Daß der Einzelvorgang selbst dabei strengen physikalischen Gesetzen folgen kann, wird in diesem Zusammenhang nicht abgestritten. Das ist sehr zu beachten. Vielfach hat im gewöhnlichen Sprachgebrauch die Bezeichnung Zufall die Bedeutung von etwas absolut Ungesetzlichem oder Außergesetzlichem. Es hat unter den Philosophen oft Streit gegeben, ob es einen Zufall in diesem absoluten Sinne gibt oder nicht. Dieser absolute Zufallsbegriff interessiert uns hier zunächst nicht. Der moderne Streit, ob Kausalität im physikalischen Geschehen herrscht oder nicht, berührt unsere Wahrscheinlichkeitsbetrachtungen nicht im geringsten. Wir wollen uns hier vielmehr an den Begriff des *relativen Zufalls* halten. Dieser Begriff soll uns nahegebracht werden durch die folgenden Gedankengänge im Zusammenhang mit unserem Münzversuch: Es ist nicht notwendig, daß beim dritten Wurf des Verfassers gerade B fällt. Wohl mögen beim dritten Wurf die physikalischen Bedingungen gerade so gewesen sein, daß notwendig B fallen mußte. Aber — und darauf kommt es an — die Wurfnummer 3 bedingt nicht notwendig das Fallen von B. Die Zuordnung von Wurfnummer 3 und Merkmal B ist Zufall. In diesem Sinne ist das Zufällige nur relativ. Ein Ereignis ist zufällig in *Bezug* auf etwas, was nicht seine Ursache ist. Daß der Eintritt einer Schlechtwetterperiode gerade mit dem Herannahen eines Tiefs zusammenfällt, ist kein Zufall, denn beide Ereignisse sind kausal miteinander verknüpft. Daß der Eintritt derselben Schlechtwetterperiode gerade mit dem Beginn meiner Ferien zusammenfällt, ist dagegen Zufall. Zwischen den beiden letzteren Ereignissen besteht keine kausale Verknüpfung oder doch wenigstens — wenn wir uns ganz vorsichtig ausdrücken wollen — keine engere kausale Verknüpfung, die sich irgendwie auch nur annähernd von uns übersehen ließe.

Wenn wir im Zusammenhang mit unseren Wahrscheinlichkeitsbetrachtungen vom Zufall sprechen, so soll immer der relative Zufall gemeint sein. Dieser Zufallsbegriff ist frei von jeglicher metaphysischen Bedeutung. Wir finden diesen Zufallsbegriff bereits bei *Schopenhauer* (1788–1860), obwohl letzterer ein strenger Determinist war und das Wirken der Kausalität auf allen Gebieten des Geschehens anerkannte. Das ist aber durchaus nicht paradox. Relativer Zufall und Kausalität stehen nicht im Widerstreit zueinander. Wir kommen in Kap. 25 nochmals auf diese Zusammenhänge zurück.

Eine sprachliche Klärung ist noch erforderlich. Wenn wir gelegentlich, der Umgangssprache entsprechend, in diesem Buch Wendungen gebrauchen wie „das Zusammenfallen zweier oder mehrerer Ereignisse hängt vom Zufall ab" oder gar „der Zufall waltet", so soll das nur heißen, daß zwischen den betreffenden Ereignissen keine direkte kausale Verbindung besteht. Die positive Formulierung drückt also lediglich in kürzerer Weise einen negativen Tatbestand aus.

Bei unserem Münzversuch ist die Zufallsforderung gleichbedeutend mit der Nichtvorausbestimmbarkeit der Einzelergebnisse. Mit dieser Nichtvorausbestimmbarkeit hängt notwendig auch die wichtige Bedingung zusammen, daß die Einzelversuche der Reihe unabhängig voneinander sind, daß also das Ergebnis eines Einzelversuchs keinen Einfluß hat auf das Ergebnis des nächsten oder irgendeines anderen Versuchs der Reihe. Diese Bedingung ist für unseren Münzversuch offensichtlich erfüllt.

Wir wollen nun untersuchen, ob aus dem Ergebnis unseres Münzenwurfspiels trotz des Zufalls irgendwelche Gesetzmässigkeiten herausgelesen werden können. Als erstes soll uns das Verhältnis der Anzahl der A-Würfe zur Gesamtzahl aller Würfe interessieren. Dieses Verhältnis bezeichnet man als die „*relative Häufigkeit*" der A-Würfe. Notieren wir uns dieses Verhältnis nach jedem Wurf, so erhalten wir z.B. nach dem ersten Wurf des Verfassers für die A-Würfe die relative Häufigkeit $1 : 1 = 1$, nach den ersten beiden Würfen $1 : 2 = 1/2$ usw. Die so ermittelten relativen Häufigkeiten für des Verfassers Wurfserie

$$\begin{array}{cccccccccccc} A & B & B & A & A & A & B & B & A & A & B & A \end{array}$$

sind

$$\frac{1}{1} \quad \frac{1}{2} \quad \frac{1}{3} \quad \frac{2}{4} \quad \frac{3}{5} \quad \frac{4}{6} \quad \frac{4}{7} \quad \frac{4}{8} \quad \frac{5}{9} \quad \frac{6}{10} \quad \frac{6}{11} \quad \frac{7}{12}.$$

Verwandeln wir diese gemeinen Brüche in Dezimalbrüche und tragen sie in Millimeterpapier über der Anzahl der jeweils berücksichtigten Würfe auf, so erhalten wir die Abb. 1.

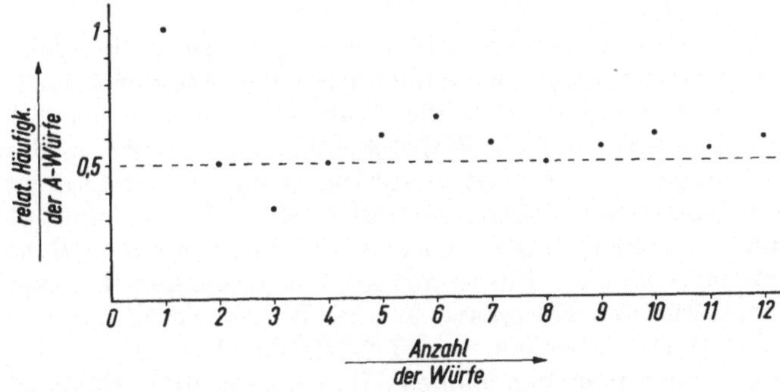

Abb. 1. Schwankung der relativen Häufigkeit bei wachsender Wurfzahl

Wir erkennen bereits aus der Definition der relativen Häufigkeit, daß diese Verhältniszahl in den äußersten Fällen die Werte Null und Eins und dazwischen die Werte aller echten Brüche annehmen kann. Aus der Abb. 1 erkennen wir darüber hinaus, daß die bei Hinzunahme eines neuen Wurfes eintretende sprunghafte Änderung der relativen Häufigkeit um so kleiner wird, je größer die Anzahl der Würfe bereits ist. Weiter sieht es so aus, als ob in unserem Fall unter immer kleiner werdenden Schwankungen die relative Häufigkeit sich mehr und mehr dem Wert 0,5 nähere. Das ist ein Ergebnis, das wir von vornherein nicht anders erwarten. Da unser Geldstück praktisch-physikalisch ein symmetrisches Gebilde ist, da also keine besondere Ursache vorliegen kann, die das Fallen der einen oder der anderen Seite begünstigt, erwarten wir, daß auf die Dauer etwa gleich oft A wie B fallen wird. Die kleinen Zufallsschwankungen, die in Abb. 1 noch zu erkennen sind, werden mit wachsender Wurfzahl immer weniger ins Gewicht fallen, und die relative Häufigkeit wird sich dem Grenzwert 1/2 immer mehr nähern. Bezeichnen wir die Anzahl der A-Würfe mit a und die Gesamtzahl der Würfe mit n, so kann dieser Tatbestand mathematisch wie folgt ausgedrückt werden:

$$\lim_{n \to \infty} \frac{a}{n} = \frac{1}{2}.$$

Dies bedeutet, daß der Grenzwert (limes) der relativen Häufigkeit a/n, wenn die Zahl n der Würfe gegen Unendlich geht, gleich 1/2 ist. Diesen Grenzwert der relativen Häufigkeit aber bezeichnen wir als die *Wahrscheinlichkeit* w für das Fallen eines A-Wurfes. Wir können also schreiben

$$w = \lim_{n \to \infty} \frac{a}{n} = \frac{1}{2}.$$

Woher wissen wir, daß ein solcher Grenzwert und damit die Wahrscheinlichkeit existiert? — Man bezeichnet nach der Art der gedanklichen Gewinnung in unserem Fall die Wahrscheinlichkeit $w = 1/2$ für das Fallen der Vorderseite als Wahrscheinlichkeit *a priori*[1]). Man will damit sagen, daß dieses Resultat unabhängig von aller praktischen Erfahrung durch bloßes Nachdenken gefunden wurde. Es ist unmittelbar einleuchtend — „evident". Die Tatsache der physikalischen Symmetrie des Geldstücks nämlich führte uns zu dem Gedanken der „statistischen" Symmetrie der Ereignisse A und B und damit zu dem Schluß auf die Wahrscheinlichkeit $w = 1/2$ für das Ereignis A. Ein eigentlicher Beweis, der über den bloßen Hinweis auf die „Evidenz" hinausgeht, kann für das Bestehen unseres Grenzwertes nicht gegeben werden. Wir müssen uns damit begnügen, die Existenz der

[1]) Ein Urteil a priori ist nach *Kant* „ein Satz, der zugleich mit seiner Notwendigkeit gedacht wird".

Wahrscheinlichkeit als unbeweisbaren Grundsatz der Wahrscheinlichkeitsrechnung zugrunde zu legen. Eine Nachprüfung der Gültigkeit dieses Grundsatzes für die Praxis ist natürlich möglich, wenn auch nur in gewissen Grenzen; denn keiner kann den Münzversuch wirklich bis „ins Unendliche" fortsetzen. Ich möchte den Leser nachdrücklich auffordern, eine solche begrenzte Prüfung durchzuführen. Damit die Untersuchung nicht zu langwierig wird, schlage ich folgende Vereinfachung vor: Wir nehmen nicht ein einzelnes Geldstück, sondern vielleicht 32 gleichartige, schütteln sie in einer nicht zu flachen Dose gründlich durcheinander, werfen sie auf den Tisch und ordnen sie, ohne irgendeinen willkürlichen Einfluß auf die Reihenfolge zu nehmen — am besten mit Hilfe eines längeren Lineals — in einer Reihe an. Dann notieren wir in einer waagerechten Zeile die entsprechenden Zeichen (statt A, B bequemer +, —). Danach wiederholen wir den Versuch, bis wir wenigstens 8 Zeilen zur Verfügung haben. Zur Überprüfung unseres Grundsatzes würde zwar ein einfaches Zählen ohne Notieren genügen. Da wir aber später an unserem Versuchsmaterial noch weitere Erkenntnisse gewinnen wollen, sei das eben beschriebene Verfahren empfohlen. Der Leser möge nun die relative Häufigkeit für die erste Zeile bestimmen, dann für die ersten beiden Zeilen usw. Sollte ihn das Maß des Strebens nach dem Grenzwert noch nicht befriedigen, so habe er Geduld und setze den Versuch fort. Daß unser „Spardosenversuch" — so wollen wir ihn im folgenden der Einfachheit halber nennen — dem Versuch mit einem einzelnen Geldstück gleichwertig ist, liegt auf der Hand, denn die obengenannten Zufallsbedingungen sind auch hier erfüllt, nämlich:

1. Das Einzelergebnis ist nicht vorausberechenbar und nicht willkürlich beeinflußbar.
2. Das Einzelergebnis beeinflußt die anderen Einzelergebnisse nicht.

Das Bestehen der 2. Bedingung können wir in gewissem Umfange sogar nachprüfen. Da ein Einzelergebnis weder auf das vorangehende noch auf das nachfolgende Ergebnis einen Einfluß haben soll, so müßte auf die Dauer auf einen A-Wurf ebenso oft wieder ein A-Wurf folgen wie ein B-Wurf. Auch auf einen B-Wurf muß ebenso oft ein A-Wurf folgen wie ein B-Wurf. Sind in unserer Versuchsreihe zwei aufeinander folgende Ergebnisse verschieden, so wollen wir diese Tatsache als „Wechsel" bezeichnen und im Protokoll unter den beiden „auf Lücke" ein W notieren. Sind zwei benachbarte Ergebnisse gleich, so sprechen wir von einer „Folge" und notieren ein F. Wir gewinnen so aus unserer ursprünglichen AB-Reihe eine WF-Reihe. Es muß dann, wenn unsere 2. Bedingung erfüllt ist, die relative Häufigkeit von W (bzw. von F) dem Grenzwert 1/2 zustreben. Auf diese Weise können wir von einer bestimmten vorgelegten AB-Reihe gut entscheiden, ob ihre Entstehung nur auf Zufall beruht. Im übrigen könnten wir zu unserer WF-Reihe wieder eine WF-Reihe zweiter Ordnung, dann eine solche dritter Ordnung usw. bilden. Alle diese Reihen müssen unsere Grenzwertbedingung erfüllen. Die Forderung der Unabhängigkeit der Einzelergebnisses von anderen Einzelergebnissen zieht eine wichtige Folgerung nach sich, die hier besonders erwähnt werden soll, um einem häufig anzutreffenden Irrtum zu begegnen. Sind einmal zufällig eine größere Anzahl A-Würfe hintereinander gefallen, so wird hierdurch die Wahrscheinlichkeit für das Erscheinen des Merkmals A beim nächsten Wurf nicht beeinflußt. Es ist also auch nach einer Serie von 10 A-Würfen durchaus nicht etwa wahrscheinlicher, daß nun der elfte Wurf ein B-Wurf ist. Nach wie vor besteht auch weiterhin für beide Möglichkeiten die gleiche Wahrscheinlichkeit vom Betrag 1/2. Es besteht keinerlei „Zwang", daß die große Serie der A-Würfe nun durch eine entsprechende Bevorzugung der B-Würfe ausgeglichen wird. Der Grenzwert der relativen Häufigkeit kann durch unsere lange — aber immerhin nur endlich lange — A-Serie nicht beeinflußt werden. Wenn unendlich viele Würfe ausgeführt werden, fallen demgegenüber 10 Würfe nicht ins Gewicht.

Ähnlich wie bei unserem Münzenspiel liegen die Dinge bei einem Spielwürfel. Die geometrisch-physikalische Symmetrie des Würfels läßt uns auf die statistische Symmetrie der sechs möglichen verschiedenen „Würfelereignisse" schließen. Die Wahrscheinlichkeit, etwa 4 Augen mit einem Wurf zu werfen, ist also 1/6. Auch diesen Wert haben wir als Wahrscheinlichkeit a priori gewonnen. Voraussetzung ist natürlich, daß der Würfel „echt", also wirklich physikalisch-symmetrisch ist. Diese „Echtheit" wird man gegebenenfalls gerade dadurch prüfen können, daß man die relativen Häufigkeiten der verschiedenen Würfelereignisse bei großen Wurfzahlen untersucht.

Zum Schluß dieses Kapitels sollen nun noch die beiden eingangs gestellten Fragen beantwortet werden:

1. Es gibt tatsächlich „Gesetze des Zufalls". Das grundlegendste haben wir bereits kennengelernt: Bei Reihen gleichartiger Versuche, deren Einzelergebnisse vom Zufall abhängen, wie bei unserem Münzversuch, strebt die relative Häufigkeit des Eintritts eines bestimmten Ereignisses bei wachsender Versuchszahl einem bestimmten Grenzwert zu. Diese Grundtatsache bezeichnen wir als das „Gesetz der großen Zahlen". (Manche Autoren bezeichnen als Gesetz der großen Zahlen einen von uns in Kap. 11 als Bernoullisches Theorem bezeichneten Satz.)

   In den Streit, ob dieses Gesetz der großen Zahlen ein wirklich „apriorisches" Gesetz ist, oder ob es ein Gesetz ist, das aus der Erfahrung stammt, wollen wir uns hier nicht weiter einlassen. Ganz allgemein sieht die Wissenschaft heute metaphysische Begründungen als nicht stichhaltig an, so sehr auch im einzelnen metaphysische Gedankengänge das Fortschreiten der Wissenschaft ermöglicht haben. Der Leser, der den vorgeschlagenen „Spardosenversuch" wirklich ausgeführt hat, darf das Gesetz der großen Zahlen jedenfalls als Erfahrungsgesetz betrachten. Für uns ist dieses Gesetz die Grundlage, auf der wir das ganze Gebäude der Wahrscheinlichkeitsrechnung aufbauen.

2. Auch die Wahrscheinlichkeitsrechnung strebt nach der *Wahrheit*, nämlich nach der Wahrheit über die Wahrscheinlichkeit, d.h. nach der Wahrheit über den Grenzwert der relativen Häufigkeit. Wie weit es einerseits vom Standpunkt der Befriedigung des Erkenntnistriebs und andererseits vom Standpunkt des praktischen Lebens aus lohnend ist, diese Wahrheit kennenzulernen, möge der Leser nach dem Studium der weiteren Abschnitte des Buches selbst ermessen.

2. Mathematische und statistische Wahrscheinlichkeit

Wir sprachen im Zusammenhang mit unserem Geldstückversuch von der Wahrscheinlichkeit a priori. In diesem Fall war dem Leser ein Urteil über den Grenzwert der relativen Häufigkeit – also über die Wahrscheinlichkeit – auf apriorischem Weg möglich gewesen, bevor er überhaupt einen Versuch anstellte. Von der physikalischen Symmetrie des Wurfkörpers konnte er auf die statistische Symmetrie der beiden möglichen Wurfergebnisse schließen. Ähnlich steht es beim Würfel. Hier gibt es sechs statistisch gleichwertige Möglichkeiten. Soll beispielsweise bei einem Glücksspiel mit einem Würfel immer dann gewonnen werden, wenn „Eins" oder „Sechs" fällt, so ist die Wahrscheinlichkeit zu gewinnen

$$w = \frac{2}{6} = \frac{1}{3},$$

d.h. es ist die Wahrscheinlichkeit des Gewinns

$$w = \frac{\text{Anzahl der günstigen Fälle}}{\text{Anzahl der möglichen Fälle}}.$$

Diese einfache Beziehung, die natürlich nur richtig ist, wenn alle möglichen Fälle statistisch symmetrisch sind, ist von *Laplace* (1749–1827) (und vorher schon von *Bernoulli*) als Definition der Wahrscheinlichkeit benutzt worden. Auf Grund dieser Definition sind in damaliger

Zeit umfangreiche Wahrscheinlichkeitstheorien aufgestellt worden, die meist von Glücksspielproblemen ihren Ausgang nahmen. Der letztere Umstand ist nicht so sehr verwunderlich. Denn gerade bei den Glücksspielgeräten (Würfel, Münze, Roulette u. dergl.) liegt ja physikalische Symmetrie vor, die den Schluß auf statistische Symmetrie zuläßt. Die statistische Symmetrie ist aber für die Laplacesche Wahrscheinlichkeitsdefinition unbedingt erforderlich.

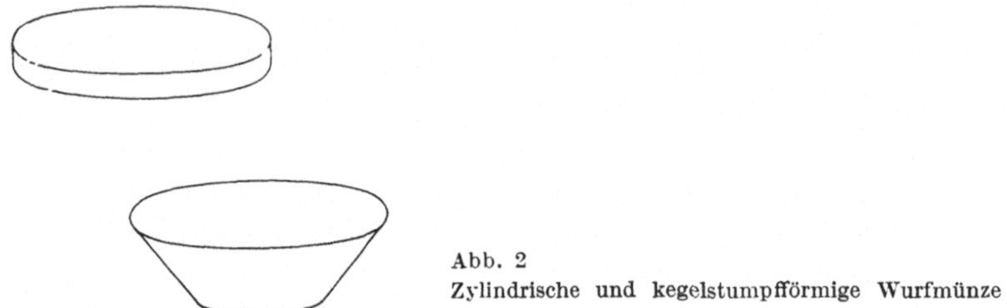

Abb. 2
Zylindrische und kegelstumpfförmige Wurfmünze

Es gibt nun aber auch Fälle, für die die Laplacesche Definition nicht ausreicht. Schon wenn wir statt unseres zylinderförmigen Geldstücks einen kegelstumpfförmigen Wurfkörper (Abb. 2) benutzen wollten, wäre die Voraussetzung der physikalischen Symmetrie nicht mehr erfüllt und ein Schluß auf statistische Symmetrie nicht mehr möglich. Aber auch eine andersartige theoretische Bestimmung der relativen Häufigkeit der A- bzw. B-Würfe wird hier so gut wie ausgeschlossen sein. Die Verhältnisse sind physikalisch zu kompliziert. Allein schon das aerodynamische Verhalten des kegelstumpfförmigen Körpers während der Fallbewegung ist schwer zu fassen. Das letztere ist zwar wohl im Falle der Zylindermünze genau so schwer. Aber hier war eine physikalische Untersuchung ja völlig überflüssig geworden durch den Schluß auf die statistische Symmetrie, den man in diesem Zusammenhang vielleicht treffend als einen „Kurzschluß" bezeichnen könnte. Dieser Schluß ist das charakteristische Merkmal der apriorischen Bestimmung einer Wahrscheinlichkeit. Die Wahrscheinlichkeit a priori bezeichnet man auch als *mathematische Wahrscheinlichkeit*. Mit der mathematischen Wahrscheinlichkeit haben sich die alten Wahrscheinlichkeitstheoretiker ausschließlich befaßt.

Wie rücken wir aber nun dem Wahrscheinlichkeitsproblem bei unserer kegelstumpfförmigen Wurfmünze zu Leibe? Einerseits war eine apriorische Bestimmung mit Hilfe des Schlusses auf statistische Symmetrie nicht möglich. Andererseits trauen wir eine Bestimmung mit Hilfe physikalischer Betrachtungen weder uns noch anderen zu. Die Ursachen, die die Bewegung bedingen, sind sehr mannigfaltiger Art.

Jede einzelne der vielen kleinen Ursachen ist aber von so entscheidender Bedeutung für das Einzelergebnis, daß keine bei der Bestimmung des Resultats irgendwie vernachlässigt werden kann. („Kleine Ursachen — große Wirkungen!") Das Ergebnis im Einzelfall hängt nun davon ab, wie die vielen Ursachen „zufällig" miteinander kombiniert sind. Oder, wie wir es früher kurz ausdrückten: Das Ergebnis hängt vom „Zufall" ab. Die Nichtvorausbestimmbarkeit des Einzelergebnisses war uns ja ein wesentliches Kriterium für das Walten des Zufalls gewesen.

Wir können aber in unserem zuletzt betrachteten Fall auch das *Gesamtergebnis* in Form eines Wahrscheinlichkeitsverhältnisses nicht berechnen. Hier hilft nur der Versuch, und zwar der „statistische" Versuch. Wir müssen eine grosse Anzahl n von Würfen ausführen und die Anzahl a der A-Würfe zählen. Die Wahrscheinlichkeit w_A, einen A-Wurf zu machen, ist dann

$$w_A \approx \frac{a}{n} \qquad (\approx \text{ heißt: ungefähr gleich}).$$

Oder wenn wir es in unserer obengebrauchten genaueren Weise schreiben:

$$w_A = \lim_{n \to \infty} \frac{a}{n}.$$

Diese letztere Gleichung stellt die Definition der Wahrscheinlichkeit von *v. Mises* (1883–1953) dar. Sie läßt sich auch auf unseren Kegelstumpffall anwenden, für den die alte Laplacesche Definition versagt. Da wir in unserem letzten Fall die Versuchserfahrung zu Hilfe nehmen mußten, sprechen wir hier von Wahrscheinlichkeit a posteriori oder von *statistischer Wahrscheinlichkeit.*

Die Frage nach der Existenz dieser statistischen Wahrscheinlichkeit, muß auch hier wieder gestellt werden. Nehmen wir an, wir hätten bei 1000 Würfen 640 A-Würfe erhalten. Dann beträgt also die relative Häufigkeit der A-Würfe 0,64 (oder 64%). Wir erwarten dann von vornherein, daß sich bei einer zweiten Versuchsserie von 1000 Würfen wieder etwa 640 A-Würfe einstellen. Wir erwarten das mit einer solchen Selbstverständlichkeit, daß wir in dem Fall, daß sich diesmal nur etwa 390 A-Würfe einstellen sollten, sofort annehmen, daß irgendetwas nicht mit rechten Dingen zugegangen sei, daß irgendeine besondere, noch nicht entdeckte Ursache vorliegen müsse, die das Abweichen des zweiten Ergebnisses bewirkt hat. Woher kommt uns diese „Selbstverständlichkeit"? Ist sie uns angeboren, ist sie also ein apriorisches Element unseres Verstandes? Oder ist sie ein Produkt unserer Erfahrung? Die Wissenschaft steht fast ganz allgemein auf dem letzteren Standpunkt. Sie vermutet, daß die „Selbstverständlichkeit", mit der wir die Existenz eines Grenzwertes für die relative Häufigkeit eines bestimmten Merkmals bei Versuchsreihen voraussetzen, sich durch ein unbewußtes Schlußfolgern aus jahrelangen Erfahrungen des täglichen Lebens herausgebildet hat. Es besteht infolgedessen auch die Möglichkeit, die Existenz eines Grenzwertes an der Erfahrung nachzuprüfen. Der Leser kann beispielsweise Wurfversuche mit einem kegelstumpfförmigen Körper (oder irgendeinem anderen geeigneten, gerade greifbaren, asymmetrischen Körper) anstellen und in sich selbst die Überzeugung von der Existenz eines Grenzwertes stärken. Derjenige, der sich mit den Gesetzen des Zufalls befassen will, mache durch bewußtes und systematisches Sammeln von Erfahrungen von dieser Möglichkeit Gebrauch. Anders ist eine etwa fehlende Überzeugung von der Richtigkeit des Gesetzes der großen Zahlen nicht zu erlangen. Das Gesetz der großen Zahlen müssen wir als ein Naturgesetz ansehen und nicht als ein Gesetz, das ein reines Produkt menschlicher Denktätigkeit darstellt. Es ist jedenfalls bei den außerordentlich strengen Anforderungen, die die heutige Wissenschaft an mathematische Beweise stellt, noch nicht gelungen, eine „Selbstverständlichkeit" dieses Gesetzes zu beweisen.

Der Leser hat bereits einen Anfang im systematischen Sammeln von Erfahrungen gemacht, als er den Spardosenversuch ausführte. Ich halte die Durchführung des obenerwähnten Kegelstumpf-Versuchs aber trotzdem für erforderlich, weil beim Spardosenversuch ein Fall vorlag, in dem die Laplacesche Wahrscheinlichkeitsdefinition anwendbar war und die Tatsache der statistischen Symmetrie vielleicht an sich für manchen Leser schon eine besonders starke Überzeugungskraft hat, die im Fall des Kegelstumpf-Versuchs fehlt.

Einem Irrtum, der durch die übliche und auch von uns gebrauchte Terminologie vielleicht hervorgerufen werden könnte, möchte ich auf alle Fälle von vornherein begegnen. Die Unterscheidung von mathematischer und statistischer Wahrscheinlichkeit hat nur eine Bedeutung im Hinblick auf die Art der Gewinnung des Wahrscheinlichkeitswertes. Es gibt für eine bestimmte Versuchsreihe keine zwei verschieden große Wahrscheinlichkeitsbeträge. Im Gegenteil! Es hat sich bei unserem Spardosenversuch ergeben, daß die mathematische Wahrscheinlichkeit (Betrag 1/2) gleich der statistischen Wahrscheinlichkeit ist. Nur ist diese Tatsache nicht als selbstverständlich, sondern als durch die Erfahrung gegeben anzusehen.

Die v. Misessche Definition der Wahrscheinlichkeit als Grenzwert der relativen Häufigkeit ist viel umfassender, als die Laplacesche, die sich nur in einer begrenzten Anzahl von Fällen praktisch anwenden läßt. Es sei nur noch ein Beispiel dafür angegeben, in dem die Laplacesche Definition versagen muß. Lebensversicherungsgesellschaften z.B.

ermittelten, wie groß etwa die Wahrscheinlichkeit ist, daß ein Zwanzigjähriger das sechzigste Lebensjahr erreicht. Durch statistisches Erfassen einer sehr großen Anzahl von Fällen stellten sie fest, daß diese Wahrscheinlichkeit etwa 0,73 beträgt. Die Versicherungsgesellschaften brauchen solche Wahrscheinlichkeitsangaben, um beim Abschluß von Versicherungsverträgen eine gerechte Prämienhöhe festzusetzen.

3. Der Additionssatz und der Multiplikationssatz. Glücksspiele und Wahrscheinlichkeitsrechnung

Wir haben bisher Wahrscheinlichkeiten a priori für zwei ganz einfache Fälle bestimmt: Für das Fallen einer bestimmten Augenzahl beim Wurf mit einem Würfel und für das Fallen einer bestimmten Münzenseite. Wir wollen schrittweise zu komplizierteren Verhältnissen übergehen.

Wir hatten bereits die Frage gestellt nach der Wahrscheinlichkeit w, mit einem Würfel entweder „Eins" oder „Sechs" zu werfen. Von den $n = 6$ möglichen Würfelereignissen sind $g = 2$ günstig, nämlich das Fallen der „Eins" und das Fallen der „Sechs". Es ist also in unserem Fall

$$w = \frac{g}{m} = \frac{2}{6} = \frac{1}{3}. \tag{3.1}$$

Wie groß ist nun die Wahrscheinlichkeit w' dafür, *nicht* „Eins" oder „Sechs" zu werfen? Wir haben unter den Würfelereignissen $m - g = 6 - 2 = 4$ ungünstige (nämlich das Fallen von 2, 3, 4 oder 5 Augen). Es ist demnach

$$w' = \frac{m-g}{m} = \frac{4}{6} = \frac{2}{3}. \tag{3.2}$$

Man erkennt aus (3.1) und (3.2), daß allgemein

$$w + w' = \frac{g}{m} + \frac{m-g}{m} = \frac{m}{m} = 1 \quad \text{ist.}$$

Das bedeutet, daß die Wahrscheinlichkeit w für das Eintreten eines bestimmten Ereignisses (Fallen von 1 oder 6) und die Wahrscheinlichkeit w' für das Nichteintreten desselben Ereignisses (die sog. Gegenwahrscheinlichkeit) immer die Summe 1 ergeben. Für unser Beispiel ist

$$w + w' = \frac{1}{3} + \frac{2}{3} = 1.$$

Wir wollen jetzt untersuchen, wie groß die Wahrscheinlichkeit ist, mit einem Würfel entweder eine gerade Zahl oder die Eins zu werfen. Die Zahl g der günstigen Fälle setzt sich dann zusammen aus der Zahl $g_1 = 3$ für das Fallen einer geraden Zahl (nämlich 2, 4 oder 6) und der Zahl $g_2 = 1$ für das Fallen der Eins. Es ist also die Gesamtzahl der günstigen Fälle $g = g_1 + g_2 = 3 + 1 = 4$. Die gesuchte Wahrscheinlichkeit ist dann

$$w = \frac{g}{m} = \frac{g_1 + g_2}{m} = \frac{3+1}{6} = \frac{4}{6} = \frac{2}{3}.$$

Hieraus ergibt sich

$$w = \frac{g}{m} = \frac{g_1 + g_2}{m} = \frac{g_1}{m} + \frac{g_2}{m} = \frac{3}{6} + \frac{1}{6},$$

$g_1/m = 3/6 = w_1$ ist aber die Wahrscheinlichkeit für das Fallen einer geraden Zahl, $g_2/m = 1/6 = w_2$ die Wahrscheinlichkeit für das Fallen der Eins. Die Wahrscheinlichkeit für das Eintreten *entweder* des einen *oder* des anderen Ereignisses ist also gleich der Summe $w_1 + w_2$ der Wahrscheinlichkeiten für das Eintreten jedes einzelnen der beiden Ereignisse. Voraussetzung ist hierbei allerdings, daß beide Ereignisse sich gegenseitig ausschließen. Das ist für unser Beispiel der Fall, da die Eins nicht gleichzeitig eine gerade Zahl ist.
Wir wollen wegen seiner Wichtigkeit dieses Ergebnis in einem Lehrsatz aussprechen:

Die Wahrscheinlichkeit, daß eines von zwei (oder mehreren) sich gegenseitig ausschließenden Ereignissen eintritt, ist gleich der Summe der Einzelwahrscheinlichkeiten für die betreffenden Ereignisse.

$$\boxed{w = w_1 + w_2}$$

Dieser Satz wird oft „Oder-Satz" genannt, weil nach der Wahrscheinlichkeit für das Eintreten des einen *oder* des anderen Ereignisses gefragt wird. Es handelt sich um die Wahrscheinlichkeit des „Entweder-Oder". Wir wollen den Satz als *Additionssatz* bezeichnen.
Jetzt stellen wir uns ein anderes Problem. Wir fragen nach der Wahrscheinlichkeit dafür, daß wir mit einem Würfel A eine gerade Zahl und gleichzeitig mit einem Würfel B die „Eins" werfen. Die Wahrscheinlichkeit für das getrennte Eintreffen der Einzelereignisse sind $w_1 = g_1/m_1 = 3/6$ und $w_2 = g_2/m_2 = 1/6$. Die Anzahl der verschiedenen möglichen Verbindungen zweier Augenzahlen sind $m_1 \cdot m_2 = 6 \cdot 6 = 36$. Die Anzahl der darunter befindlichen günstigen Verbin-

dungen ist $g_1 \cdot g_2 = 3 \cdot 1 = 3$. Da für alle Verbindungen offensichtlich statistische Symmetrie besteht, können wir die Wahrscheinlichkeit für das gleichzeitige Eintreffen beider Ereignisse schreiben zu

$$w = \frac{g_1 \cdot g_2}{m_1 \cdot m_2} = \frac{3 \cdot 1}{6 \cdot 6} = \frac{3}{36} = \frac{1}{12}$$

oder

$$w = \frac{g_1 \cdot g_2}{m_1 \cdot m_2} = \frac{g_1}{m_1} \cdot \frac{g_2}{m_2} = w_1 \cdot w_2 = \frac{3}{6} \cdot \frac{1}{6} = \frac{1}{12}$$

Wir formulieren wieder einen Lehrsatz:

Die Wahrscheinlichkeit für das Zusammentreffen zweier (oder mehrerer) voneinander unabhängiger Ereignisse ist gleich dem Produkt der Einzelwahrscheinlichkeiten.

$$\boxed{w = w_1 \cdot w_2}$$

Dieser Satz wird oft „Und-Satz" genannt, weil nach der Wahrscheinlichkeit für das Eintreten des einen *und* des anderen Ereignisses gefragt wird. Es handelt sich um die Wahrscheinlichkeit des „Sowohl-als auch". Wir wollen den Satz als *Multiplikationssatz* bezeichnen.
Eine Anwendungsaufgabe hierzu:
Wie groß ist für zwei Neuvermählte die Wahrscheinlichkeit w, die goldene Hochzeit zu erreichen, wenn für den 26-jährigen Ehemann nach einer Sterbetafel die Wahrscheinlichkeit noch 50 Jahre zu leben $w_1 = 0{,}26$ und für die 20-jährige Frau $w_2 = 0{,}42$ ist? – Voraussetzung für das Fest der goldenen Hochzeit ist, daß *sowohl* der Mann *als auch* die Frau 50 Ehejahre erleben. Es ist also

$$w = w_1 \cdot w_2 = 0{,}26 \cdot 0{,}42 = 0{,}11.$$

Das Ergebnis kann man auch so aussprechen: Unter 100 Ehepaaren, die in dem angegebenen Alter heiraten, erreichen etwa 11 die goldene Hochzeit.
Zur Anwendung des Multiplikationssatzes soll noch folgendes Problem gelöst werden: Wie groß ist bei einem Glücksspiel die Wahrscheinlichkeit mit 3 Würfeln 18 Augen, d.h. gleichzeitig mit allen 3 Würfeln je 6 Augen zu werfen? – Die Wahrscheinlichkeit mit *einem* Würfel sechs Augen zu werfen ist 1/6. Die gesuchte Wahrscheinlichkeit in unserem Fall ist also

$$w = \frac{1}{6} \cdot \frac{1}{6} \cdot \frac{1}{6} = \frac{1}{216}.$$

Wenn wir uns wieder klarmachen, wie die Wahrscheinlichkeit mit der relativen Häufigkeit zusammenhängt, so bedeutet unser Ergebnis, daß unter 216 Würfen etwa einmal der „Sechser-Pasch" fällt. Die Zufallsschwankungen machen es natürlich auch möglich, daß er nicht oder daß er vielleicht dreimal fällt. Führen wir aber etwa die hundertfache Wurfzahl aus, werfen wir also 21600-mal, so wird der Sechser-Pasch etwa 100-mal fallen. Natürlich ist es auch möglich, daß er nur 96-mal oder etwa 107-mal fällt. Die Abweichung wird aber hier relativ zur Wurfzahl im allgemeinen recht klein sein. Strebt unsere Wurfzahl gegen Unendlich, so wird die relative Häufigkeit der Sechser-Pasch-Würfe immer mehr dem Grenzwert 1/216 zustreben, dem Wert, den wir hier als Wahrscheinlichkeit a priori ermittelt haben.
Wir wollen jetzt annehmen, das eben betrachtete Sechser-Pasch-Spiel werde als Glücksspiel benutzt. Es sei etwa festgesetzt, daß ein Wurf mit drei Würfeln 10 Pfennig Einsatz kostet und daß der Spieler im Falle eines Sechser-Pasch-Wurfs 10 Mark, also den 100-fachen Einsatz gewinnt. Dann mag es dem Nichteingeweihten wohl scheinen, als ob sich ihm hier eine großartige Gewinnchance böte. Wie ist es aber in Wirklichkeit? Damit wir die Wahrscheinlichkeitsrechnung anwenden können, wollen wir annehmen, daß der Spieler eine sehr große Anzahl n von Würfen ausführt. Die Anzahl seiner Sechser-Pasch-Würfe wird dann etwa gleich $1/216\, n$ sein. Nun wollen wir die Bilanz aufstellen:

Es betragen des Spielers

Ausgaben in Pfennig	Einnahmen in Pfennig
$n \cdot 10$	$\frac{1}{216} n \cdot 100 \cdot 10$
$= 10n$	$= \frac{100}{216} \cdot 10n$

Vergleichen wir die beiden Seiten, so stellen wir fest, daß des Spielers Einnahmen nur 100/216 seiner Ausgaben betragen. Den Differenzbetrag hat die Bank verdient. Jede Spielbank wird die Spielregeln so einrichten, daß sie auf die Dauer einen Gewinn erzielt. Ein von Spielleidenschaft besessener Spieler nimmt im Laufe der Zeit an sehr vielen Spielen teil. Die Zahl dieser Spiele ist so hoch, daß man getrost die Wahrscheinlichkeitsrechnung anwenden kann. Danach muß ein Gewohnheitsspieler auf die Dauer gesehen verlieren. Und je länger er spielt, desto mehr wird er verlieren. Und wenn er seine Leidenschaft nicht eines Tages doch besiegen kann, wird er verlieren bis zu seinem vollen Ruin. Das ist der Grund dafür, weshalb man immer nur von leidenschaftlichen Spielern hört, die sich ruiniert und nie von leidenschaftlichen Spielern, die ihr Glück gemacht haben. Hat irgendwann ein Spieler wirklich sein Glück gemacht, dann ist es kein leidenschaftlicher Spieler, sondern einer, der nur an so wenig Spielen teilgenommen hat, daß die relative Häufigkeit des Gewinnens von ihrem Grenzwert noch stark abweichen konnte und — was ja eben gelegentlich vorkommt — stark zu seinen Gunsten nach oben abgewichen ist. Ich warne neugierige Leser davor, die Richtigkeit der Gesetze des Zufalls am Glücksspiel zu erproben. Unser harmloses Spardosenspiel ist hierzu viel besser geeignet. Auf das Gesetz der großen Zahlen kann man sich verlassen. Auf dieses Gesetz verläßt sich auch der Inhaber der Spielbank. Er weiß, daß ihm auf die Dauer sein Gewinn so sicher ist (oder — wie wir besser sagen wollen — so wahrscheinlich ist), wie das Amen in der Kirche. Er ist klüger als alle seine Spieler zusammen. Unter den Spielern ist mancher sogar der Meinung, man könne durch ein ausgeklügeltes „System" dem Glück beikommen. Diese Meinung ist heute besonders bei den Fußballtotospielern verbreitet. Kein solches System aber hält den Wahrscheinlichkeitsuntersuchungen stand. Ja es ist sogar undenkbar, daß es ein solches „glückbringendes" System gibt. Das Gesetz der großen Zahlen gilt, und sein „Gesetzgeber" läßt sich nicht überlisten.

Zwei triviale Fragen sollen jetzt eingeschaltet werden:

a) Wie groß ist die Wahrscheinlichkeit, mit einem Würfel eine der Zahlen 1 bis 6 zu werfen? — Hier sind alle möglichen Fälle auch günstige Fälle, und es ist

$$w = \frac{g}{m} = \frac{6}{6} = 1 .$$

Man spricht, wenn die Wahrscheinlichkeit a priori den Wert 1 annimmt, von der *Gewißheit* des Eintreffens des Ereignisses.

b) Wie groß ist die Wahrscheinlichkeit, mit einem Würfel 7 Augen zu werfen? Es gibt beim Würfel diesmal keinen günstigen Fall. Es ist also

$$w = \frac{g}{m} = \frac{0}{6} = 0 .$$

Man spricht, wenn die Wahrscheinlichkeit a priori den Wert Null annimmt von der *Unmöglichkeit* des Eintreffens des Ereignisses.

Jedoch muß eines noch beachtet werden. Da die Wahrscheinlichkeit als Grenzwert definiert wurde, haben die Bezeichnungen Gewißheit und Unmöglichkeit nur in ganz besonderen Fällen, wie z.B. in unseren beiden obenangeführten Fällen, einen Sinn. Bei der Wahrscheinlichkeit a posteriori hat es keinen Sinn, von Gewißheit und Unmöglichkeit zu sprechen.

Wie scharf man oft denken muß auch bei der Lösung einfach scheinender Wahrscheinlichkeitsprobleme, soll an einem weiteren Beispiel gezeigt werden. Es sei die Frage gestellt nach der Wahrscheinlichkeit, daß bei 4 Würfen mit einem Würfel wenigstens einmal „Sechs" fällt. Diese Wahrscheinlichkeit ist nicht etwa 4/6, wie der Laie vielleicht vorschnell feststellen wird, indem er folgendermaßen schließt: Die Wahrscheinlichkeit, mit einem Wurf eine Sechs zu werfen, ist 1/6. Bei zwei Würfen habe ich die doppelte, bei drei die dreifache Wahrscheinlichkeit usw. Das ist jedoch ein Fehlschluß. Dies ergibt sich schon daraus, daß dann bei 6 Würfen die Wahrscheinlichkeit 1, also die Gewißheit herauskommen müßte. Es wird aber sehr häufig vorkommen, daß einer bei 6 Würfen keine „Sechs" wirft. Wenn dann die Anzahl der Würfe über 6 hinausgehen würde, müßte die Wahrscheinlichkeit den Wert 1 übersteigen, was völlig undenkbar wäre, weil es der Definition der Wahrscheinlichkeit widerspricht.

Wie ist nun unsere Aufgabe richtig zu lösen? Die Frage sei wiederholt: Wie groß ist die Wahrscheinlichkeit, mit 4 Würfen wenigstens einmal „Sechs" zu werfen. Hier gehen wir am besten von der Wahrscheinlichkeit für das Gegenteil aus und fragen: Wie groß ist die Wahrscheinlichkeit dafür, daß bei 4 Würfen keine „Sechs" fällt, daß also *sowohl* beim ersten Wurf *als auch* beim zweiten usw. keine „Sechs" fällt. Die Wahrscheinlichkeit, daß beim ersten Wurf keine „Sechs" fällt, ist 5/6, daß *auch* beim zweiten keine „Sechs" fällt $5/6 \cdot 5/6$, daß bei 4 Würfen keine „Sechs" fällt, demnach $(5/6)^4$. Die „Gegenwahrscheinlichkeit" hierzu ist $1 - (5/6)^4$. Dies ist aber unsere gesuchte Wahrscheinlichkeit w. Es ist also

$$w = 1 - \left(\frac{5}{6}\right)^4 = \left(\frac{6}{6}\right)^4 - \left(\frac{5}{6}\right)^4 = \frac{6^4 - 5^4}{6^4} = \frac{1296 - 625}{1296} =$$

$$= \frac{671}{1296} = 0{,}518\,.$$

(Der Leser berechne sich die entsprechende Wahrscheinlichkeit für 6 und 12 Würfe.)

Verallgemeinern wir den vorstehenden Gedankengang, so kommen wir zu dem Ergebnis:

Die Wahrscheinlichkeit w_n, daß bei n Versuchen wenigstens einmal ein Ereignis eintritt, für dessen Eintreten beim Einzelversuch die Grundwahrscheinlichkeit p besteht, ist

$$\boxed{w_n = 1 - (1 - p)^n} \tag{3.1}$$

(Aufgabe für den Leser: Bei einem Glücksrad sei die Grundwahrscheinlichkeit, bei einem Versuch einen Gewinn zu erzielen, $p = 1/3$. Wie groß ist die Wahrscheinlichkeit, bei 10 Versuchen wenigstens einmal zu gewinnen?)

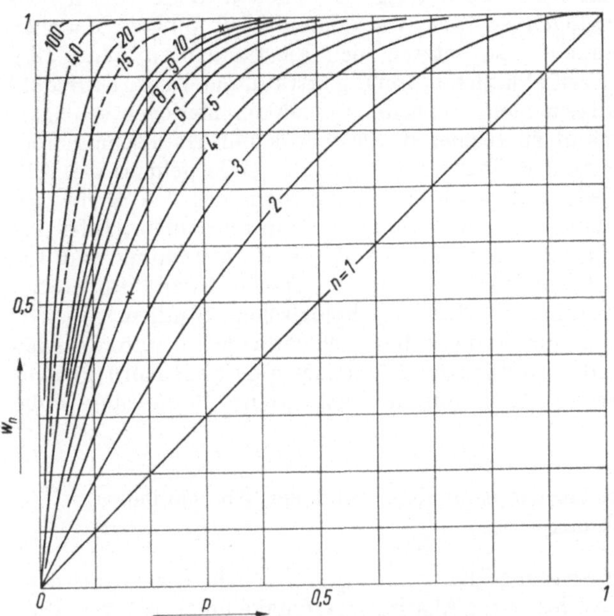

Abb. 3. Die Wahrscheinlichkeit für wenigstens einmaliges Eintreffen eines Ereignisses

In der Abb. 3 ist die Wahrscheinlichkeit w_n als Funktion der Grundwahrscheinlichkeit p für verschiedene Versuchszahlen n dargestellt. Die Kurvenschar dieser Abbildung ist aus der Gleichung (3.1) entwikkelt. Das Kreuz auf der Kurve $n = 4$ gibt die Ablesestelle für unser Würfelbeispiel, das Kreuz auf der Kurve $n = 10$ für die Glücksradaufgabe an.

Mit Hilfe unserer Kurvenschar können wir auch Fragen etwa folgender Art lösen: Wie oft muß ich mich am Glücksradspiel beteiligen, um mit einer Wahrscheinlichkeit $w_n = 0{,}9$ wenigstens einen Gewinn zu erzielen?

Es sei dem Verfasser noch gestattet als Beispiel zu dem Vorstehenden einen Ulk aus seiner Studentenzeit zu schildern. Damals war es so, daß etwa jedes vierte junge Mädchen Elfriede hieß. (Genauere Zahlen sind im Augenblick nicht bekannt.) Die Wahrscheinlichkeit, daß unter 5 Mädchen wenigstens eines auf den Namen Elfriede hörte, war also schon ziemlich hoch. Der Leser bestimme sie mit Hilfe unserer Kurvenschar. Das Reizvollste war nun den Studenten die praktische Erprobung des Resultats durch das „statistische Experiment". Dies ging so vor sich. Wurden irgendwo 5 junge Mädchen entdeckt, die nebeneinander spazierengingen — das war damals bei jungen Mädchen durchaus noch Brauch — so setzten sich die Studenten unauffällig hinter sie, und einer rief plötzlich in freudig erstauntem Ton: „Elfriede!" Dann pflegte im allgemeinem wenigstens eines der Mädchen schlagartig auf den Namensruf zu reagieren. Sie wurde mit Handschlag freudig von dem betreffenden Studenten begrüßt: „Wie geht es dir, Elfriede?" usw. Elfriede war verdutzt. Schließlich war das Erstaunen auf Seiten des Studenten: „Kennst du mich denn nicht mehr, Elfriede? Oder willst du mich nicht kennen?" Maßlose Enttäuschung und Erschütterung mimend wandte er sich wieder seinen Kommilitonen zu, die währenddessen erheitert ihre psychologischen Studien gemacht hatten und bisweilen ein homerisches Gelächter nicht unterdrücken konnten. Dann wurde die nächste Mädchengruppe aufs Korn genommen, und der nächste Kommilitone hatte seine Bewährungsprobe abzulegen.

4. Die sog. „Duplizität der Ereignisse" und der Aberglaube. Der Zufallsrhythmus

Wir wollen zur Anwendung der bisher gewonnenen Erkenntnisse in diesem letzten Kapitel des ersten Abschnitts einmal einem größeren Problem zu Leibe rücken, das die Gemüter immer wieder beschäftigt.

In Zeitungen finden wir häufig das Schlagwort von der „Duplizität der Ereignisse". Bei den betrachteten Ereignissen handelt es sich im allgemeinen um Unglücksfälle. Mit dem weiteren Schlagwort „Ein Unglück kommt selten allein!" will der Reporter seinen Lesern klarmachen, daß irgendeine geheimnisvolle Kraft die Unglücksfälle paarweise oder auch „serienweise" ablaufen läßt, derart, daß zwei oder mehr gleichartige Unglücksfälle einander im allgemeinen dicht folgen. Er spricht in diesem Zusammenhang auch von einem „Gesetz der Serie". Oft hat unser Reporter tatsächlich Gelegenheit, durch Bericht von Tagesereignissen seine Ansicht zu belegen. Ein großer Teil seiner Leser gewinnt so die Überzeugung, daß ohne Zweifel solch eine geheimnisvolle Kraft waltet.

Wie liegen diese Dinge nun wirklich? Der nüchterne Mensch wird zunächst der Meinung sein, daß es mit den *Unglücks*fällen ähnlich steht, wie mit den *Glücks*spieltreffern. So wie das Würfelergebnis abhängt von unzähligen Zufälligkeiten, so ist auch ein Unglücksfall die Folge unzähliger unvorhersehbarer Zufallsumstände. Wären nämlich die Zusammenhänge leicht überschaubar, so könnten wir die Unglücksfälle leicht voraussehen und sie verhüten durch vorherige willkürliche Abänderungen von ursächlichen Gegebenheiten. Sind Unglücksfalle aber wirklich rein vom Zufall abhängig wie die Treffer beim Glücksspiel, dann kann ein Unglücksfall einen darauffolgenden ebenso wenig hervorrufen, wie ein Würfelergebnis das nächste Würfelergebnis beeinflussen kann (es sei denn, daß beide Unglücksfälle in einem offensichtlich kausalen Zusammenhang stehen).

Das leuchtet alles wohl sehr gut ein. Wie erklärt sich aber nun die eigentümliche Erscheinung in der Wirklichkeit, auf die die Journalisten ja so oft hinweisen können? Läßt sich diese Erscheinung mit Hilfe der Wahrscheinlichkeitsrechnung auch als zufällig abtun?

Wir wollen den Dingen weiter auf den Grund gehen. Wenn Unglücksfälle einerseits und Glücksspieltreffer andererseits nach demselben Modus Zufallsereignisse sind, dann müßte bei den Glücksspieltreffern die „Duplizität der Ereignisse" in ähnlicher Weise sich zeigen, wie bei den Unglücksfällen. Die Untersuchung der Glücksspielergebnisse ist aber für uns aus zwei Gründen wesentlich einfacher: erstens ist hier das statistische Experiment möglich, und zweitens sind die Glücksspiele mathematisch leichter zu fassen.

Jeder wird nun tatsächlich beim Würfelspiel (etwa bei „Mensch ärgere dich nicht") die Duplizität der Ereignisse in der Form beobachtet haben, daß es verhältnismäßig häufig vorkommt, daß bei zwei aufeinanderfolgenden Würfen „Sechs" fällt und daß andererseits zum Ärger manchen Spielers oftmals ziemlich lange auf das Fallen einer „Sechs" gewartet werden muß. Zu leicht kommt auf diese Weise der Glaube an eine geheimnisvoll wirkende Schicksalskraft zustande, die den einen mit Glück segnet und den anderen mit Unglück schlägt. Zwar wird keiner etwa erwarten, daß die Sechser-Würfe einander in genau gleichem Abstand folgen, indem etwa jeder sechste Wurf eine „Sechs" ergibt. Unregelmäßigkeiten der Abstände wird jeder als durch Zufall bedingt zugeben. Er verschätzt sich nur sehr leicht über das wahrscheinliche Ausmaß dieser Unregelmäßigkeiten. Wir wollen deshalb zweierlei Untersuchungen anstellen:

a) das statistische Experiment, indem wir mit einem Würfel fortgesetzt würfeln (vielleicht 600 Würfe), die jeweils beim Einzelwurf erzielte Augenzahl notieren und die Sechser-Ergebnisse unterstreichen.

b) die *apriorische* Wahrscheinlichkeitsrechnung.

Über das letztere soll hier zuerst gesprochen werden. Nehmen wir an, es sei gerade eine Sechs gefallen. Die Wahrscheinlichkeit, daß der nächste Wurf wieder eine Sechs ist, ist $w_1 = 1/6$. Die Wahrscheinlichkeit, daß der nächste Wurf keine Sechs ist, ist 5/6. Soll der nächste Wurf keine Sechs, der übernächste aber eine Sechs sein, so ist die Wahrscheinlichkeit für dieses „Sowohl-als auch", nach dem Multiplikationssatz $w_2 = 5/6 \cdot 1/6$. Soll erst der dritte Wurf eine Sechs bringen, so ist die Wahrscheinlichkeit hierfür $w_3 = (5/6)^2 \cdot 1/6$. Soll erst der n-te Wurf eine Sechs bringen, so ist die Wahrscheinlichkeit $w_n = (5/6)^{n-1} \cdot 1/6$. Es ergibt sich folgende Zusammenstellung:

Nächstfolgende Sechs beim	Wahrscheinlichkeit hierfür
1. Wurf	$w_1 = \frac{1}{6} \qquad = 0{,}167$
2. Wurf	$w_2 = \frac{5}{6} \cdot \frac{1}{6} = \frac{5}{36} \qquad = 0{,}139$
3. Wurf	$w_3 = \left(\frac{5}{6}\right)^2 \cdot \frac{1}{6} = \frac{25}{216} = 0{,}116$
4. Wurf	$w_4 = \left(\frac{5}{6}\right)^3 \cdot \frac{1}{6} = \frac{125}{1296} = 0{,}096$
5. Wurf	$w_5 = \left(\frac{5}{6}\right)^4 \cdot \frac{1}{6} = \frac{625}{7776} = 0{,}080$
. . . . .	. . . .

Setzt man diese Tabelle immer weiter fort und summiert die Wahrscheinlichkeiten auf der rechten Seite, so muß dort als Grenzwert der Summe der Wert 1 herauskommen.

(Wer die Reihenlehre kennt, kann das zur Kontrolle unmittelbar nachweisen, denn die Wahrscheinlichkeiten $w_1, w_2, w_3, \ldots$ bilden eine unendliche geometrische Folge und ihre Summe eine unendliche geometrische Reihe:

$$w_1 + w_2 + w_3 + \ldots = \frac{1}{6} + \frac{5}{6} \cdot \frac{1}{6} + \left(\frac{5}{6}\right)^2 \cdot \frac{1}{6} + \ldots .$$

Das Anfangsglied ist $a = 1/6$, der Quotient der aufeinanderfolgenden Glieder ist $q = 5/6$. Es ist also die Summe aller Wahrscheinlichkeiten

$$\sum w = \frac{a}{1-q} = \frac{\frac{1}{6}}{1 - \frac{5}{6}} = \frac{\frac{1}{6}}{\frac{1}{6}} = 1.)$$

Jetzt prüfen wir, ob unser statistischer Versuch den a priori erhaltenen Ergebnissen entspricht. Bei 600 Würfelungen werden etwa 100 Sechser-Ergebnisse sich einstellen. (Sollte die tatsächliche Anzahl stark abweichen, so kann der Leser getrost eine andere Augenzahl als die Sechs herausgreifen, am besten diejenige, deren Anzahl der 100 am nächsten kommt. Das empfiehlt sich insbesondere auch deshalb, weil der benutzte Würfel möglicherweise nicht ganz einwandfrei ist.) Der Leser stelle fest, wie oft auf eine Sechs unmittelbar wieder eine Sechs folgt. Da die Wahrscheinlichkeit hierfür nach unserer Tabelle $w_1 = 0{,}167$ ist, müßte bei 100 Sechser-Würfen etwa 17-mal dieser Fall eintreten. Ferner müßte etwa 14-mal der Fall vorkommen, daß zwischen zwei Sechser-Würfen nur ein anderer Wurf liegt usw. Der Leser prüfe so an seinem Material, ob es unserer Zufallstheorie entspricht. Erscheint ihm die Übereinstimmung noch nicht gut genug, so versuche er es mit der doppelten oder vielleicht der zehnfachen Anzahl von Würfen. (Bei einigem Geschick können ein Schreiber und ein Würfeler in 2 Stunden mit dem Auswürfeln von 6000 Wurf fertig sein.) Betrachtet der Leser — nachdem er sich von der Übereinstimmung mit den Ergebnissen der Zufallstheorie überzeugt hat — nun einmal seine erwürfelten Ergebnisreihen, so wird er beim flüchtigen Überschauen wohl den Eindruck haben, daß häufig „Duplizitäten" mit längeren Pausen wechseln. Die Duplizität der Ereignisse ist also durchaus zufallsbedingt und es ist nicht erforderlich, einen Dämon anzunehmen, der für die Duplizität sorgt. Gewiß wird der Leser in seinen Ergebnissen auch längere Perioden feststellen, innerhalb derer keineswegs von Duplizität gesprochen werden kann. Solche Perioden kommen aber in gleicher Weise auch bei Unfallsreihen vor. Nur wird der berichtende Reporter niemals feststellen, daß er das zu einem schweren Unfall gehörende „Pendant" vermißt.

Damit meine ich, dem Leser, der das vorgeschlagene Würfelexperiment ausgeführt hat, die Überzeugung vermittelt zu haben, daß der Glaube an eine dämonische Duplizität der Ereignisse ein Aberglaube ist. Wenn also jemand vom Fenster seiner Wohnung aus entdeckt, daß auf der eisglatten Straße ein Mann stürzt und sich verletzt, dann braucht er nicht solange zu warten, bis auch ein zweiter noch gestürzt ist, ehe er selbst das Haus ohne Gefahr verlassen kann. Es gibt keinen bösen Geist, keinen „Moloch", der die sonderliche Neigung hat, seine Opfer paarweise zu fressen.

Mit der dem Wissenschaftler eigenen Gründlichkeit und Ehrlichkeit müssen wir allerdings zugeben, daß wir mit dem Vorstehenden nicht bewiesen haben, daß es keine Geister und Dämonen gibt. Wir haben lediglich bewiesen, daß die „Hypothese" des Wirkens solcher Dämonen überflüssig ist, daß wir die gelegentlich beobachteten Duplizitätserscheinungen als reine Zufallsergebnisse deuten können. Damit haben die Duplizitätserscheinungen eine einfache und natürliche Erklärung gefunden. Für komplizierte übernatürliche Erklärungen besteht dann für den klar denkenden Menschen kein Bedarf mehr.

Der Leser möge an diesem Beispiel erkennen, wie leichtfertig oft Behauptungen ausgesprochen und geglaubt werden, die dann einer gründlichen Untersuchung nicht standzuhalten vermögen. Das nur gefühlsmäßige Abschätzen führt nicht immer zu richtigen Schlüssen, besonders, wenn der Schätzende bereits voreingenommen ist. Erst ein genauerer Zahlenvergleich ermöglicht eine wissenschaftlich einwandfreie Aussage. Für den von uns betrachteten Fall heißt diese Aussage: Es liegt kein Anlaß vor, das Walten von Dämonen zur Erklärung der Glücks- oder Unglücksfälle heranzuziehen. Wenn wir manchmal vom „Walten des Zufalls" sprechen, so ist der Zufall eben *kein* Dämon. Es handelt sich vielmehr hier — wie bereits früher erwähnt — um eine Redeweise, die gerade ausdrücken soll, daß *keine* unmittelbare Ursache für das Zusammentreffen zweier Ereignisse besteht.

Wir wollen noch eine Betrachtung anstellen über den „Rhythmus" des Fallens der Sechsertreffer beim fortgesetzten Würfeln. Ungeachtet der Frage, ob bei solcher Regellosigkeit überhaupt von einem Rhythmus gesprochen werden darf, wollen wir ihn als „*Zufalls-Rhythmus*" bezeichnen und damit einen neuen Begriff definieren. Daß sich das lohnt, werden wir im folgenden erkennen.

Wir denken uns die Zeit in lauter gleichgroße „Elemente" zerlegt (vielleicht zu je 5 Sekunden). Während jedes Zeitelements werde einmal gewürfelt. Es besteht dann für jedes Zeitelement die Wahrscheinlichkeit 1/6 dafür, daß ein Treffer hineinfällt. Wichtig ist für uns die Feststellung, daß diese Wahrscheinlichkeit für jedes Zeitelement gleich groß ist. Wir wollen jetzt einen anderen Vorgang betrachten. Der Laden eines Friseurs werde nachmittags zwischen 15 und 16 Uhr durchschnittlich von 10 Kunden betreten, die — zum Leidwesen des Inhabers — in recht unregelmäßigen Zeitabständen eintreffen. Teilen wir jetzt diese Stunde in 60 Zeitelemente zu je einer Minute ein, so wird in gewissen 10 Zeitelementen je ein Kunde den Laden betreten, im Laufe der übrigen 50 Zeitelemente dagegen kein Kunde. Nur jedes sechste Zeitelement erhält also einen „Treffer". Die Trefferwahrscheinlichkeit ist von vornherein für jedes Zeitelement gleich. Sie ist gerade 1/6 wie bei unserem Würfelbeispiel. Die Einzelkunden des Friseurs werden also dessen Laden betreten in einem „Rhythmus" der dem Zufalls-Rhythmus bei unserem Würfelbeispiel entspricht (wenn er auch gegenüber dem letzteren zeitlich mehr in die Länge gedehnt ist). Der Leser wird vielleicht einwenden, daß innerhalb eines Zeitelements durchaus einmal *zwei* Kunden erscheinen können. Abgesehen davon, daß gelegentlich schon einmal zwei oder sogar mehr zusammengehörige Personen aus „Geselligkeit" gemeinsam zum Friseur gehen — dieses nicht zufällige Ereignis dürfen wir ausschließen, da wir von „Einzelkunden" gesprochen haben — kann dieser Fall auch schon einmal durch Zufall eintreten. Er wird allerdings selten vorkommen. Er wird noch seltener sich ereignen, wenn wir die Zeitelemente kleiner wählen — zu etwa nur je 10 Sekunden. Dann ist die Wahrscheinlichkeit, daß während eines Zeitelements ein Kunde kommt nur 1/36. Zum Vergleich müßten wir dann anstelle unseres Würfelbeispiels ein Ereignis nehmen, bei dem die Wahrscheinlichkeit des Eintretens 1/36 ist. Das ist der Fall für das Eintreten des Sechserpaschs beim Werfen mit zwei Würfeln. Der hierbei festgestellte Rhythmus wird also noch besser den Zufallserscheinungen im Friseurladen angepaßt sein. Das Sechserpasch-Spiel mit zwei Würfeln kann schon sehr gut als Modell für die Entstehung des Zufallsrhythmus in der Wirklichkeit dienen, der allenthalben zu beobachten ist. Denn nicht nur im Friseurladen oder im Wartezimmer des Arztes begegnet uns der Zufalls-Rhythmus, sondern z.B. auch in der Physik. Die Ausschläge eines sog. Geigerzählers, vor dem sich ein radioaktives Präparat befindet, folgen einander im Zufalls-Rhythmus. Die α-Teilchen „betreten" durch die enge Öffnung das Zählrohr wie die Kunden einen Friseurladen.

Vergleicht man Zufalls-Rhythmen, die auf irgendeine Weise entstanden sind, so werden sich diese im allgemeinen natürlich schon deshalb unterscheiden, weil die einzelnen Vorgänge verschieden schnell ablaufen. So wie es Friseure mit viel und mit weniger Kundschaft gibt, so kann der Physiker ein größeres oder ein kleineres Radiumstück vor den Geigerzähler legen und ein Spieler kann alle 2 Sekunden ein anderer alle 5 Minuten würfeln. Durch entsprechend verschieden große Wahl der Zeitelemente und Wahl geeigneter Maßstäbe kann man aber alle diese Rhythmen durch Markieren auf einer Zeitskala so abbilden, daß sie den gleichen Charakter haben. Man kann an diesem Charakter dann nicht mehr unterscheiden, ob es sich um eine Reihe handelt, die erwürfelt oder beim Friseur oder am Geigerzähler beobachtet worden ist. Gewiß, zwei solcher Reihen werden kaum einmal kongruent sein, aber sie werden im Wesentlichen der Struktur übereinstimmen. Soll ein irgendwie vorgelegter Rhythmus daraufhin geprüft werden, ob er ein Zufalls-Rhythmus ist, ob er also dieses Wesentliche der Struktur besitzt, so kann das in Anlehnung an unser Würfelbeispiel folgendermaßen geschehen. Man zählt eine größere Anzahl von — vielleicht 100 — Treffern aus. Die für diese 100 Treffer benötigte Zeit teilt man in 600 Zeitelemente. Dann stellt man fest, wieviel Zeitelemente vom ersten Treffer bis zum zweiten, vom zweiten bis zum dritten usw. vergehen (abrunden auf ganze Zeitelemente). Es muß dann etwa 17-mal *ein* Zeitelement, 14-mal *zwei* Zeitelemente usw. zwischen zwei Treffern liegen (s. oben), wenn der Zufalls-Rhythmus bestätigt werden soll. (Wenn einer noch genauer arbeiten wollte, könnte er kleinere Zeitelemente nehmen, für die etwa die Trefferwahrscheinlichkeit 1/36 ist. Diese Genauigkeit hätte jedoch nur dann Sinn, wenn er auch mehr als 100 Treffer auszählt.)

II. Elementare mathematische Hilfsmittel

5. Permutationen

Der Verfasser hat im vorstehenden nicht deshalb die Glücksspiele so breit behandelt, weil er sie etwa als ein besonders wertvolles Anwendungsgebiet der Wahrscheinlichkeitsrechnung ansieht, sondern weil sie besonders einfache Beispiele für den Anfänger bieten. Der Verfasser muß aus diesem didaktischen Grunde auch im II. Abschnitt des Buches noch einige weitere Beispiele dieser Art heranziehen.
In einer Urne mögen sich je eine blaue, eine weiße und eine grüne Kugel befinden. Wie groß ist die Wahrscheinlichkeit, daß ein Spieler die Kugeln blind in der Reihenfolge blau-weiss-grün (b, w, g) aus der Urne zieht? — Zunächst können wir die gesuchte Wahrscheinlichkeit als Wahrscheinlichkeit des „Sowohl-als auch" auffassen. Die Wahrscheinlichkeit, als erstes die blaue Kugel zu ziehen, ist wegen der statistischen Symmetrie $w_1 = 1/3$. Die Wahrscheinlichkeit, daß nach dem Ziehen der blauen von den beiden übrigen als nächstes die weiße gezogen wird, ist $w_2 = 1/2$. Die Wahrscheinlichkeit, daß dann als dritte die grüne Kugel gezogen wird, ist $w_3 = 1$. Die Wahrscheinlichkeit, daß bei einem Versuch sowohl das eine, als auch das andere, als auch das dritte eintrifft, ist nach dem Multiplikationssatz

$$w = w_1 \cdot w_2 \cdot w_3 = \frac{1}{3} \cdot \frac{1}{2} \cdot 1 = \frac{1}{6}.$$

Aus der gefundenen Wahrscheinlichkeit können wir weitere Schlüsse ziehen. Die Reihenfolge b, w, g ist nur eine von einer ganzen Reihe von Möglichkeiten (etwa w, b, g usw.), die ihrerseits offensichtlich alle statistisch symmetrisch und deshalb gleich wahrscheinlich sind. Wieviel mögliche Fälle gibt es?
Da nach unseren obigen Ermittlungen für das Eintreten jedes dieser möglichen Fälle $w = 1/6$ ist, muß die Anzahl der möglichen Fälle gleich 6 sein. Diese möglichen Fälle sollen hier aufgezählt werden. Sie lauten:

$$\begin{matrix} b & w & g \\ b & g & w \\ w & b & g \\ w & g & b \\ g & b & w \\ g & w & b \end{matrix}$$

Die verschiedenen Anordnungen der drei Elemente b, w, g werden als *Permutationen* bezeichnet. Es gibt also für 3 Elemente 6 Permutationen. Wir wollen uns nun wegen der Wichtigkeit die Anzahl der möglichen Permutationen noch einmal auf andere — direkte — Weise bestimmen, ohne den Umweg über den Begriff der Wahrscheinlichkeit.
Haben wir 2 Elemente a, b, so gibt es offenbar 2 Permutationen, nämlich a, b und b, a. Tritt ein drittes Element c hinzu, so kann es in jeder der beiden vorgenannten Permutationen an erster, zweiter oder dritter Stelle eingeschoben werden. Aus jeder der beiden Permutationen von a, b können also 3 Permutationen der 3 Elemente a, b, c hergestellt werden. Für 3 Elemente gibt es also $2 \cdot 3 = 6$ Permutationen, was wir bereits oben erkannten. Tritt ein viertes Element d hinzu, so können wir d in jeder der $2 \cdot 3$ Permutationen der 3 Elemente a, b, c an erster, zweiter, dritter oder vierter Stelle einschieben. Aus jeder der $2 \cdot 3$ Permutationen der 3 Elemente a, b, c, können auf diese Weise also 4 Permutationen der 4 Elemente a, b, c, d hergestellt werden. Für 4 Elemente gibt es also insgesamt $2 \cdot 3 \cdot 4$ Permutationen. Für 5 Elemente demnach $2 \cdot 3 \cdot 4 \cdot 5$ Permutationen. Fügt man den Faktor 1 dazu, so kann man sagen: Die Zahl der Permutationen für 5 Elemente ist $1 \cdot 2 \cdot 3 \cdot 4 \cdot 5 = 5!$ (gelesen „5 Fakultät"). Allgemein ist die *Zahl der Permutationen von n Elementen*:

$$\boxed{P(n) = 1 \cdot 2 \cdot 3 \cdot 4 \cdot \ldots \cdot n = n!}$$

Es mögen sich nun in unserer Urne 4 schwarze Kugeln und je eine weiße, rote und blaue Kugel befinden. Die 4 schwarzen sind nicht unterscheidbar. Wie groß ist dann die Zahl der möglichen Permutationen? Wir wollen die schwarzen Kugeln vorläufig unterscheidbar machen, indem wir sie mit den Nummern 1 bis 4 versehen. Dann sind bei unseren insgesamt 7 Kugeln 7! Permutationen möglich. Eine von ihnen ist z.B.

$$w\, s_4\, s_2\, r\, s_3\, b\, s_1\,.$$

Permutieren wir hierin die 4 schwarzen Kugeln unter sich und behalten die andersfarbigen in ihrer Stellung bei, so erhalten wir 4! Permutationen, die eine Teilmenge der Gesamtheit unserer 7! Permutationen bilden. Löschen wir aber nunmehr die vorläufigen Unterscheidungsnummern wieder, so schwinden die 4! Permutationen unserer Teilmenge zu einer einzigen zusammen. Da die vorstehende Betrachtung für jede beliebige Permutation angestellt werden kann, so bedeutet das: Von den ursprünglich 7! Permutationen kommt nur der 4!-te Teil in Betracht. Die Zahl der Permutationen für 7 Elemente, unter denen 4 gleichartige sind, ist demnach

$$P^4(7) = \frac{7!}{4!} = 5 \cdot 6 \cdot 7 = 210\,.$$

Haben wir in unserer Urne 4 schwarze, 3 weiße und je eine rote und blaue Kugel, so ist die Anzahl der Permutationen nach einem ganz analogen Gedankengang

$$P^{4;3}(9) = \frac{9!}{4! \cdot 3!} = 2520\,.$$

Allgemein ist die Zahl der Permutationen von n Elementen, unter denen sich mehrere Gruppen von n_1, n_2, n_3 ... unter sich gleichen befinden:

$$\boxed{P^{n_1;n_2;n_3\cdots}(n) = \frac{n!}{n_1! \cdot n_2! \cdot n_3! \ldots}}$$

Beispiel: Die Zahl der Permutationen der Elemente a, a, b sind gesucht.

Lösung:
$$P^2(3) = \frac{3!}{2!} = 3\,.$$

Die Permutationen lauten:

$$\begin{matrix} a & a & b \\ a & b & a \\ b & a & a\,. \end{matrix}$$

Der Leser bilde selbst weitere Beispiele und suche die Permutationen aufzuschreiben, sofern ihre Anzahl nicht zu hoch ist.
Aufgabe: Bestimme die Anzahl der Permutationen der Elemente a, a, a, b, b und schreibe sie nieder!

6. Kombinationen und Variationen.

Aus einer Urne mit 7 Kugeln, die von 1 bis 7 numeriert sind, sollen jeweils 3 Kugeln herausgegriffen werden. Ein solches herausgegriffenes Kugeltripel, bei dem die Reihenfolge der Kugeln keine Rolle spielen soll, wird als eine *Kombination* bezeichnet. Es soll nun festgestellt werden, wieviele solcher Kombinationen möglich sind. Es handelt sich in unserem Beispiel, wie man sagt, um Kombinationen von 7 Elementen zur 3. Klasse. Wir schreiben uns die Kugel-Nummern in einer Zeile auf und notieren durch ein darunter gesetztes Plus-Zeichen, welche der Kugeln herausgegriffen werden und durch ein Minus-Zeichen, welche nicht herausgegriffen werden sollen:

1	2	3	4	5	6	7
−	+	+	−	+	−	−

Die Plus-Minus-Reihe gibt also eine bestimmte mögliche Kombination an. Die Anzahl aller möglichen Kombinationen ist dann, wie man leicht einsieht, gleich der Anzahl der möglichen Permutationen unserer 3 Plus- und 4 Minus-Zeichen. Diese ist nach den Ergebnissen des vorigen Kapitels

$$P^{3;4}(7) = \frac{7!}{3!\cdot 4!} = 35\,.$$

Allgemein ist, wie wir an diesem Beispiel erkennen, die Anzahl der *Kombinationen von n Elementen zur k-ten Klasse*

$$\boxed{C^k(n) = \frac{n!}{k!\cdot(n-k)!}}$$

Hierzu ist zu ergänzen, daß es sich um Kombinationen *ohne Wiederholung* handelt. Es darf in jeder Kombination jedes der n Elemente nur einmal benutzt werden, wie das ja auch unserer eingangs gegebenen Urnenvorschrift entspricht. Kombinationen *mit* Wiederholung sollen uns hier nicht interessieren.

Soll nun aber auch die Reihenfolge der aus der Urne gezogenen Kugeln eine Rolle spielen, so sprechen wir von *Variationen*. Wieviel Variationen zur 3. Klasse sind für unsere 7 Kugeln möglich? Man erhält ihre Anzahl, wenn man die 3 Kugeln jeder Kombination permutiert. Zu jeder der $7!/(3!\cdot 4!)$ Kombinationen gibt es $3!$ Permutationen. Die Zahl der Variationen ist also

$$V^3(7) = \frac{7!}{3!\cdot 4!}\cdot 3! = \frac{7!}{4!} = 5\cdot 6\cdot 7 = 210\,.$$

Allgemein ist demnach die Zahl der *Variationen ohne Wiederholung von n Elementen zur k-ten Klasse*

$$\boxed{V^k(n) = C^k(n)\cdot k! = \frac{n!}{(n-k)!}}$$

Ein Beispiel: Wieviel verschiedene Flaggen zu je 2 Farben (und wieviel zu je 3 Farben) lassen sich aus den 6 heraldischen Farben gelb (gold), weiß (silber), rot, blau, schwarz und grün bilden?

Lösung: Da die Reihenfolge der Farben einer Flagge natürlich wesentlich ist, erhalten wir die gesuchten Anzahlen als Variationen. Für zweifarbige Flaggen ist sie

$$V^2(6) = \frac{6!}{4!} = 5 \cdot 6 = 30\,,$$

für dreifarbige Flaggen

$$V^3(6) = \frac{6!}{3!} = 4 \cdot 5 \cdot 6 = 120\,.$$

Da nicht alle 150 dieser Flaggen auch künstlerisch ansprechend sind, ist es bei der großen Länderanzahl (und Städteanzahl!) der Erde nicht zu verwundern, daß manche Flaggenzusammenstellungen mehrfach auftreten und daß viele Staaten durch Aufnahme besonderer Figuren (*z.B.* Kreuze) einen Ausweg suchen mußten.

Wichtig ist noch die Bestimmung der Anzahl der Variationen *mit* Wiederholung. Die Urnenvorschrift braucht nur so abgeändert zu werden, daß jede Kugel unmittelbar, nachdem sie gezogen wurde, wieder in die Urne zurückgelegt wird. Dann kann es sich also ereignen, daß dieselbe Kugel mehrmals in einer Variation auftritt. Wir wollen wieder annehmen, daß 7 Kugeln in der Urne sind, und daß 3 Kugeln nacheinander gezogen werden. Für das Ziehen der ersten Kugel gibt es 7 Möglichkeiten. Für das Ziehen der zweiten gibt es, nachdem ja die erste in die Urne zurückgelegt worden ist, wieder 7 Möglichkeiten. Für die dritte gibt es gleichfalls 7 Möglichkeiten. Für die Variationen mit Wiederholung von 7 Elementen zur 3. Klasse also

$$V_w^3(7) = 7^3$$

Möglichkeiten.

Allgemein ist demnach die Anzahl der *Variationen mit Wiederholung von n Elementen zur k-ten Klasse*

$$\boxed{V_w^k(n) = n^k}$$

Ein Beispiel: Wieviel vierstellige ganze Zahlen lassen sich durch die zehn Ziffern von 0 bis 9 darstellen?

Lösung: Da die Reihenfolge der Ziffern wesentlich ist und da Wiederholungen möglich sind, ist unsere gesuchte Anzahl

$$V_w^4(10) = 10^4 = 10\,000.$$

Wir können hier die Richtigkeit des Ergebnisses leicht überschauen. Die kleinste der vierstelligen Zahlen ist 0 (dargestellt durch die Variation 0 0 0 0), die größte ist 9 9 9 9. Das sind tatsächlich 10000 Zahlen.

Bei den Variationen mit Wiederholung darf die Klasse auch höher sein, als die Zahl der zur Auswahl stehenden Elemente. Es gibt ja z.B. auch Zahlen, die mehr als 10 Stellen haben. Es *müssen* dann natürlich in *jeder* Variation Wiederholungen auftreten. Daraus ergibt sich, was wir oben stillschweigend voraussetzten, daß bei Variationen *ohne* Wiederholung die Klasse nie die Anzahl der zur Auswahl stehenden Elemente übersteigen darf. (Es würde dann auch in der Formel für die Anzahl der Variationen $V^k_{(n)}(n) = n!/(n-k)!$ im Nenner die Fakultät einer negativen Zahl stehen, die nicht definiert ist.)

Ein weiteres Beispiel: Wieviel Wörter zu 8 Buchstaben lassen sich (ohne Rücksicht auf Aussprechbarkeit) aus den 25 Buchstaben des Alphabets bilden? (Wiederholung von Buchstaben soll unbegrenzt erlaubt sein.)

Anwort: $$V^8_w(25) = 25^8 .$$

Die Auswertung mit Hilfe der Logarithmentafel ergibt etwa 153 Milliarden. Wollte man alle diese Wörter in Wörterbüchern unterbringen zu je 100 auf einer Seite, so könnte man eineinhalb Millionen Bände zu je tausend Seiten damit füllen. (Nachdem wir feststellen mußten, daß die Anzahl der heraldischen Farben etwas knapp ist für die Bedürfnisse der Menschen, dürfen wir uns jetzt wohl damit trösten, daß die Zahl der 25 Buchstaben unseres Alphabets für alle gegenwärtigen und zukünftigen Bedürfnisse voll ausreichend sein wird.)

Damit wir einen Überblick gewinnen, sei noch einmal kurz zusammengefaßt: Wir haben in den letzten beiden Kapiteln drei Arten von „Komplexionen" — so heißt der Oberbegriff — kennengelernt: Die Permutationen, die Kombinationen und die Variationen. Der Zweig der Mathematik, der sich mit diesen Komplexionen befaßt, heißt *Kombinatorik.* Im nächsten Kapitel müssen wir noch ein weiteres mathematisches Hilfsmittel erarbeiten, ehe wir dann mit unseren neuen Werkzeugen wieder an Probleme der Wahrscheinlichkeitsrechnung herangehen können.

7. Die Binomialkoeffizienten

Ein Binom ist ein zweigliedriger Ausdruck, etwa die Summe $a + b$. Potenzieren wir einen solchen Ausdruck mit den Exponenten 0, 1, 2, 3 usw., so erhalten wir

$$\begin{aligned}
(a+b)^0 &= 1 \\
(a+b)^1 &= a+b \\
(a+b)^2 &= a^2+2ab+b^2 \\
(a+b)^3 &= a^3+3a^2b+3ab^2+b^3 \\
(a+b)^4 &= a^4+4a^3b+6a^2b^2+4ab^3+b^4
\end{aligned}$$

usw. (Der Leser prüfe die Rechnung nach!) Im Aufbau der rechten Seite fallen Gesetzmässigkeiten ins Auge: Die a sind angeordnet nach fallenden Potenzen, die b nach steigenden. Die Summe der Exponenten ist für jedes Glied gleich dem Exponenten, mit dem auf der linken Seite der Ausdruck $a+b$ potenziert wurde. Noch mehr aber sollen uns die ganzzahligen Koeffizienten interessieren, die in den Gliedern der rechten Seite auftreten. Man bezeichnet sie als „Binomialkoeffizienten". Schreiben wir sie aus unserem Gleichungssystem heraus, so erhalten wir das Schema

$$\begin{array}{ccccccccc} & & & & 1 & & & & \\ & & & 1 & & 1 & & & \\ & & 1 & & 2 & & 1 & & \\ & 1 & & 3 & & 3 & & 1 & \\ 1 & & 4 & & 6 & & 4 & & 1 \\ \ldots & \ldots & \ldots & \ldots & \ldots & \ldots & \ldots & \ldots & . \end{array}$$

Man bezeichnet diese Anordnung, die natürlich beliebig weit nach unten fortgesetzt werden kann, als „Pascalsches Zahlendreieck" nach dem französischen Mathematiker *Pascal* (1623–1662). Wir wollen das Zustandekommen dieser Koeffizienten etwas näher untersuchen. Die Potenz $(a+b)^3$ z.B. bedeutet ja nichts anderes als $(a+b)(a+b)(a+b)$. Damit wir während der Rechnung immer erkennen, aus welcher Klammer ein Faktor stammt, wollen wir vorübergehend die Glieder der ersten Klammer mit dem Index 1, die der zweiten mit dem Index 2, die der dritten mit dem Index 3 versehen und also rechnen:

$$(a+b)^3 = (a_1+b_1)\cdot(a_2+b_2)\cdot(a_3+b_3)$$
$$= (a_1a_2+b_1a_2+a_1b_2+b_1b_2)\cdot(a_3+b_3)$$
$$= a_1a_2a_3+b_1a_2a_3+a_1b_2a_3+b_1b_2a_3+a_1a_2b_3+b_1a_2b_3+a_1b_2b_3+b_1b_2b_3 \,.$$

Jedes der 8 Glieder unseres Ergebnisses stellt ein Produkt aus 3 Faktoren dar, wovon stets einer aus der ersten Klammer, einer aus der zweiten und einer aus der dritten Klammer stammt. Das ergibt sich leicht aus dem sogenannten distributiven Gesetz für die Multiplikation zweier Summen, wonach jedes Glied der einen Summe mit jedem Glied der anderen Summe multipliziert werden muß. Die Indizes treten hier alle in ihrer natürlichen Reihenfolge 1, 2, 3 auf. Aus jeder der drei Klammern wird dabei entweder a oder b ausgewählt. Alle möglichen Variationen der beiden Elemente a und b zur dritten Klasse treten dabei auf. Ihre Anzahl ist $V_w^3(2) = 2^3 = 8$. Wir haben tatsächlich alle 8 Glieder in unserer Summe stehen. Da nach Weglassen der vorübergehend angehängten Indizes verschiedene Glieder zusammengefaßt werden können – auf die Reihenfolge der Faktoren kommt es ja nicht an – brauchen wir jetzt nur festzustellen, wie oft etwa a^3, a^2b usw. vorkommen. Nun, a^3 kann nur einmal vorkommen, weil es zu $a \cdot a \cdot a$ nur eine Permutation gibt. Eine Vertauschung der 3 Faktoren würde immer nur zu dem Glied $a_1a_2a_3$ führen. Dagegen kommt a^2b öfter vor, nämlich so oft, wie man a, a, b permutieren kann. Das heißt, da $P^{2;1}(3) = \frac{3!}{2!\cdot 1!} = 3$ ist, dreimal. Die Glieder vom Wert $a\cdot b^2 = a\cdot b\cdot b$ kommen ebenfalls dreimal vor, da $P^{1;2}(3) = \frac{3!}{1!\cdot 2!} = 3$ ist. Schließlich tritt $b^3 = b\cdot b\cdot b$ wieder nur einmal auf. Wir können sofort verallgemeinern und einen beliebigen Binomialkoeffizienten des Pascalschen Zahlendreiecks berechnen, z.B. den dritten Koeffizienten für die Entwicklung von $(a+b)^5$. Er gehört zu dem dritten der Produkte

$$a^5, \quad a^4b, \quad a^3b^2, \quad a^2b^3, \quad ab^4, \quad b^5,$$

also zu $a^3b^2 = a\cdot a\cdot a\cdot b\cdot b$.
Hier gibt es

$$P^{3;2}(5) = \frac{5!}{3!\cdot 2!} = 10$$

Permutationen. Also ist der gesuchte Koeffizient gleich 10.
Es ist also allgemein

$$(a+b)^n = a^n + \frac{n!}{(n-1)!\cdot 1!}a^{n-1}b + \frac{n!}{(n-2)!\cdot 2!}a^{n-2}b^2 + \dots$$
$$\dots + \frac{n!}{1!\cdot (n-1)!}ab^{n-1} + b^n$$

Diese Formel drückt den sog. *Binomischen Lehrsatz* aus. Den Lehrsatz selbst werden wir in den weiteren Abschnitten des Buches nicht brauchen. Nur die Folgen der Binomialkoeffizienten werden uns später noch oft begegnen.
Die Binomialkoeffizienten können noch gekürzt werden. Es ergibt sich leicht, wenn wir außerdem rechts noch eine allgemein gebräuchliche abkürzende Schreibung hinzufügen

$$\frac{n!}{(n-1)!\cdot 1!} = \frac{n}{1!} = \binom{n}{1}$$
$$\frac{n!}{(n-2)!\cdot 2!} = \frac{n(n-1)}{2!} = \binom{n}{2}$$
$$\vdots \qquad\qquad \vdots$$
$$\frac{n!}{1!\cdot (n-1)!} = \frac{n(n-1)(n-2)\dots 3\cdot 2}{(n-1)!} = \binom{n}{n-1}.$$

Die abkürzenden Klammer-Symbole für die Binomialkoeffizienten werden gelesen „n über 1", „n über 2" usw.
Der Binomische Lehrsatz kann also auch geschrieben werden

$$(a+b)^n = a^n + \binom{n}{1} a^{n-2} b + \binom{n}{2} a^{n-2} b^2 + \ldots + \binom{n}{n-1} a b^{n-1} + b^n .$$

Wie man an dem Pascalschen Dreieck sieht, ist jede Koeffizientenreihe symmetrisch gebaut. Diese Symmetrie ist auch am Bau unserer Ausdrücke zu erkennen. Da

$$\binom{n}{p} = \frac{n!}{(n-p)! \cdot p!} \quad \text{und} \quad \binom{n}{n-p} = \frac{n!}{p!\,(n-p)!}$$

ist, so gilt

$$\binom{n}{p} = \binom{n}{n-p} .$$

Der Vollständigkeit halber wollen wir noch definieren

$$\binom{n}{0} = \binom{n}{n} = 1 .$$

Damit hätten auch der erste und der letzte Binomialkoeffizient, die ja stets beide den Wert 1 haben, eine den übrigen Binomialkoeffizienten entsprechende folgerichtige Bezeichnung.
Das Pascalsche Zahlendreieck könnte demnach so geschrieben werden:

$$\begin{array}{ccccccccc}
 & & & & \binom{0}{0} & & & & \\
 & & & \binom{1}{0} & & \binom{1}{1} & & & \\
 & & \binom{2}{0} & & \binom{2}{1} & & \binom{2}{2} & & \\
 & \binom{3}{0} & & \binom{3}{1} & & \binom{3}{2} & & \binom{3}{3} & \\
\binom{4}{0} & & \binom{4}{1} & & \binom{4}{2} & & \binom{4}{3} & & \binom{4}{4} \\
\cdots & \cdots & \cdots & \cdots & \cdots & \cdots & \cdots & \cdots & \cdots
\end{array}$$

Wir wollen nun noch eine andere, bedeutsame Tatsache über den Aufbau des Pascalschen Dreiecks kennenlernen.
Es ist

$$(a+b)^3 = \mathbf{1}a^3 + \mathbf{3}a^2b + \mathbf{3}ab^2 + \mathbf{1}b^3$$

Soll hieraus $(a+b)^4$ bestimmt werden, so ist die obige rechte Seite noch mit $(a+b)$ zu multiplizieren. Also

$$
\begin{aligned}
&(\mathbf{1}a^3+\mathbf{3}a^2b+\mathbf{3}ab^2+\mathbf{1}b^3)\cdot(a+b)\\
&=\mathbf{1}a^4+\mathbf{3}a^3b+\mathbf{3}a^2b^2+\mathbf{1}ab^3\\
&\qquad+\mathbf{1}a^3b+\mathbf{3}a^2b^2+\mathbf{3}ab^3+\mathbf{1}b^4\\
&=\mathbf{1}a^4+\mathbf{4}a^3b+\mathbf{6}a^2b^2+\mathbf{4}ab^3+\mathbf{1}b^4.
\end{aligned}
$$

Man erkennt, daß die Koeffizientenreihe für $n=4$ einfach erhalten werden kann, indem man 2 Koeffizientenreihen für $n=3$ untereinander schreibt — wobei die untere Reihe um eine Stelle nach rechts versetzt ist — und untereinanderstehende Koeffizienten addiert. Oder anders ausgedrückt: Der erste Koeffizient der neuen Reihe ist immer gleich 1. Der zweite Koeffizient der neuen Reihe ist gleich der Summe des ersten und zweiten der vorhergehenden Reihe, der dritte ist gleich der Summe des zweiten und dritten der vorhergehenden Reihe usw. Oder, wenn wir uns das Pascalsche Dreieck ansehen, so bedeutet das: Jeder im Pascalschen Dreieck enthaltene Koeffizient ist gleich der Summe der beiden schrägrechts und schräglinks darüber stehenden. Das Pascalsche Zahlendreieck kann also durch systematisches Fortsummieren nach unten beliebig verlängert werden.
Der Leser probiere nunmehr selbst die beiden hier dargestellten Erzeugungsmöglichkeiten für das Pascalsche Dreieck durch, ehe wir im folgenden III. Abschnitt wieder mehr zu den eigentlichen Problemen der Wahrscheinlichkeitsrechnung zurückkommen.

III. Der zentrale Problemkreis der Wahrscheinlichkeitsrechnung

8. Ein statistisches Problem

Betrachten wir noch einmal unseren Münzenwurfversuch! Wenn wir uns vornehmen, die Versuchsreihe nach 4 Würfen abzubrechen, dann haben wir von vornherein eine ganze Reihe von Ergebnismöglichkeiten z.B. A B A A oder etwa B A B A usw. Jede der überhaupt möglichen Variationen ist gleich wahrscheinlich. Es gibt, da es sich um Variationen mit Wiederholung von 2 Elementen (A und B) zur 4. Klasse handelt $V_w^4(2) = 2^4 = 16$ mögliche Fälle. Die Wahrscheinlichkeit für eine ganz bestimmte Variation ist also 1/16. Kommt es uns aber nicht auf die Reihenfolge der Ereignisse (oder ihrer „Merkmale" A und B) an, sondern auf die Wahrscheinlichkeit dafür, daß eine bestimmte Kombination (also etwa dreimal A und einmal B, oder zweimal A und zweimal B) erscheint, so ist die Wahrscheinlichkeit für die verschiedenen Kombinationen nicht gleich groß. Wir wollen diese Wahrscheinlichkeiten der Reihe nach bestimmen. Die Wahrscheinlichkeit für viermaliges Fallen von A ist 1/16, da zu der Folge A A A A nur eine Permutation gehört. Für dreimaliges Fallen von A und einmaliges von B ist die Wahrscheinlichkeit 4/16, denn für A A A B gibt es $P^{3;1}(4) = 4!/3! \cdot 1! = 4$ Permutationen. Wir wollen die weiteren Rechnungen gleich in übersichtlicher Form zusammenstellen.

Kombination	Anzahl der Möglichkeiten	Wahrscheinlichkeit
4-mal A 0-mal B	$P^{4;0}(4) = \frac{4!}{4!} = 1 \quad = \binom{4}{0}$	$\frac{1}{16}$
3-mal A 1-mal B	$P^{3;1}(4) = \frac{4!}{3! \cdot 1!} = 4 = \binom{4}{1}$	$\frac{4}{16}$
2-mal A 2-mal B	$P^{2;2}(4) = \frac{4!}{2! \cdot 2!} = 6 = \binom{4}{2}$	$\frac{6}{16}$
1-mal A 3-mal B	$P^{1;3}(4) = \frac{4!}{1! \cdot 3!} = 4 = \binom{4}{3}$	$\frac{4}{16}$
0-mal A 4-mal B	$P^{0;4}(4) = \frac{4!}{4!} = 1 \quad = \binom{4}{4}$	$\frac{1}{16}$

Wir erkennen am Aufbau der Ausdrücke in der mittleren Spalte, daß die Wahrscheinlichkeiten für die 5 möglichen Kombinationen, sich wie die Binomialkoeffizienten für den Exponenten 4 verhalten. Die wahrscheinlichste unter den 5 Kombinationen ist die Kombination 2-mal A und 2-mal B. Das ist gerade die Kombination, die für die A-Würfe die relative Häufigkeit 1/2 ergibt. In diesem Fall fällt die relative Häufigkeit mit ihrem Grenzwert der Wahrscheinlichkeit für das Fallen eines A-Wurfs zusammen. Diese letztere Wahrscheinlichkeit bezeichnen wir in dem betrachteten Zusammenhang als die „Grundwahrscheinlichkeit" der Beobachtungsreihe. In den übrigen Fällen weicht die relative Häufigkeit von ihrem Grenzwert, der Grundwahrscheinlichkeit, stark ab. Man kann eben bei einer so geringen Anzahl von 4 Würfen noch keineswegs mit einiger Zuverlässigkeit auf den Grenzwert schließen. Das haben wir schon früher erkannt.

Jetzt möge der Leser sein früher erwürfeltes Plus-Minus-Blatt zur Hand nehmen und die waagerechten Zeilen von je 32 Zeichen in Gruppen zu je 4 Zeichen einteilen. Er erhält so, wenn er vorher nach meinem Vorschlag 8 Zeilen erwürfelt hatte, 64 Gruppen zu je 4 Würfen. Nun stelle er „statistisch" zusammen, wieviel Gruppen mit vier A, d.h. mit 4 Plus-Zeichen, wieviel mit 3 Plus- und 1 Minus-Zeichen usw. sich darunter befinden. Die Wahrscheinlichkeit, 4 Plus-Zeichen zu erhalten ist nach dem obigen 1/16. Es müßten also unter den 64 Gruppen durchschnittlich $(1/16) \cdot 64 = 4$ Gruppen mit 4 Plus-Zeichen sich befinden. Ferner müßten durchschnittlich $(4/16) \cdot 64 = 16$ Gruppen mit 3 Plus und 1 Minus darunter sein; weiter durchschnittlich $(6/16) \cdot 64 = 24$ Gruppen mit 2 Plus, 2 Minus, 16 Gruppen mit 1 Plus, 3 Minus, 4 Gruppen mit 4 Minus. Der Leser wird festellen, daß die hier errechnete Verteilung etwa zutrifft. Demjenigen, der mit dem Maß der Übereinstimmung nicht zufrieden ist, muß ich wieder empfehlen, das Spardosenspiel weiter fortzusetzen, was ja nur wenig Mühe macht.

Wenn wir die relative Häufigkeit der A-Würfe mit einer Serie von nur 4 Würfen feststellen wollen, so müssen wir von vornherein mit einer starken Abweichung von der Grundwahrscheinlichkeit rechnen. Man sagt auch: Wenn wir mehrere Serien von je 4 Würfen untersuchen, so streuen die ermittelten relativen Häufigkeiten sehr stark um den Wert der Grundwahrscheinlichkeit. Nehmen wir Serien mit einer wesentlich größeren Anzahl von Einzelversuchen, etwa mit 32 Würfen (eine Zeile!), so ist diese Streuung wesentlich geringer. Der Leser überzeuge sich davon, indem er die relativen Häufigkeiten für jede der 8 Zeilen ermittelt und vergleicht. Ein exakt definiertes Maß für die Größe der Streuung, das uns objektive Vergleiche ermöglicht, werden wir später (in Nr. 16) noch kennenlernen. Wir wollen jetzt erst einmal unsere eben gemachten Entwicklungen auf ein praktisches Beispiel anwenden.

9. Anwendung auf ein Problem der Biologie

Die Biologie lehrt, daß beim Menschen die Festlegung des Geschlechts bei der Befruchtung einer Ei-Zelle von den Eigenschaften der befruchtenden männlichen Samenzelle abhängt. Weiter lehrt die Biologie, daß je 2 Samenzellen derart durch Teilung einer Samenmutterzelle entstehen, daß immer die eine Samenzelle männlich, die andere weiblich bestimmend ist. Es werden also auf diese Weise genau gleichviel männlich bestimmende wie weiblich bestimmende Samenzellen gebildet. So erklärt sich auch die Tatsache, daß etwa gleichviel Jungen wie Mädchen geboren werden. Die relative Häufigkeit der Jungengeburten ist also etwa 1/2, genau so wie das Fallen eines A-Wurfes beim Münzversuch. Es scheint also das Geschlecht der Neugeborenen ganz vom Zufall abzuhängen. Um festzustellen, ob hier wirklich nur der Zufall waltet, müssen wir aber noch genauere Untersuchungen durchführen. Mancher Vater von 3 Mädchen nämlich meint, daß das Geschlecht seiner Kinder nicht auf Zufall beruhe, sondern, daß ein biologischer Grund dafür vorliegen müsse, daß er keinen Sohn hat. Er glaubt, daß es unwahrscheinlich sei, daß das zu erwartende vierte Kind ein Junge ist. Für uns tritt also die Frage auf: Ist das Geschlecht der Neugeborenen rein durch Zufall bedingt, oder gibt es Elternpaare, die biologisch mehr dafür prädestiniert sind, Jungen zu haben bzw. andere, denen die entgegengesetzte Veranlagung von der Natur gegeben worden ist?

Rein biologische Methoden zur direkten Untersuchung der Befruchtungsvorgänge sind wohl schwer möglich, da diese sich erstens im Innern eines lebenden Körpers abspielen und da zweitens ein Vorgang, der sich in so kleinen Dimensionen vollzieht, nicht so leicht beobachtet werden kann, ohne daß sein Ablauf durch die Beobachtungsinstrumente gestört wird. In solchen Fällen, wo — wie das in den verschiedensten Wissenschaften sehr häufig vorkommt — eine direkte Untersuchung nicht möglich ist, leistet die Statistik oft wertvolle Hilfe. Sie leistet diese Hilfe so, daß der betreffende Vorgang nicht gestört wird. Sie stellt lediglich die Ergebnisse einer großen Anzahl von Vorgängen zusammen und untersucht sie mit Hilfe der Wahrscheinlichkeitsrechnung. Bei unserem Geschlechterproblem könnten wir folgendermaßen vorgehen: Wir suchen uns, vielleicht aus dem Material der Volkszählung, eine große Zahl von Familien heraus, die gerade 4 Kinder haben und stellen uns zusammen, wieviel Familien darunter sind mit 4 Jungen, wieviel mit 3 Jungen, 1 Mädchen usw. Gleicht die Verteilung der Familien auf die fünf möglichen Gruppen der Verteilung unserer Vierergruppen bei dem Münzversuch, ist also die Zahl der Familien

mit 4 Jungen etwa gleich $\frac{1}{16}$

mit 3 Jungen, 1 Mädchen	etwa gleich	$\frac{4}{16}$
mit 2 Jungen, 2 Mädchen	,, ,,	$\frac{6}{16}$
mit 1 Jungen, 3 Mädchen	,, ,,	$\frac{4}{16}$
mit 4 Mädchen	,, ,,	$\frac{1}{16}$

der Gesamtzahl der untersuchten Familien, so können wir aus diesem Ergebnis mit großer Wahrscheinlichkeit schließen, daß eine rein zufällige Verteilung der Geschlechter stattfindet. Wäre dagegen die Verteilung so, daß die extremen Gruppen (4 Jungen oder 4 Mädchen) wesentlich stärker vertreten wären als es unseren wahrscheinlichkeitstheoretisch ermittelten Bruchteilen entspricht, so müßten wir schließen, daß es außerzufallsmäßige Ursachen geben muß, die eine solche verstärkte Streuung bedingen.

Statistische Untersuchungen der geschilderten Art sind angestellt worden. Ihre Ergebnisse haben bestätigt, daß die Verteilung zufallsmäßig ist. Es gibt nicht mehr Familien mit 4 Jungen oder mit 4 Mädchen als es der Zufallsverteilung entspricht. Dies soll allen Familienvätern zum Trost gesagt werden, die viele Töchter haben und sich einen Stammhalter wünschen. Eine kleine Abweichung gegenüber der Zufallsverteilung beim Münzversuch besteht insofern, als die relative Häufigkeit der Knabengeburten nicht 0,50 sondern etwa 0,51 beträgt. Aus dieser örtlich und zeitlich ziemlich gleichbleibenden statistischen Differenz muß man schließen, daß doch irgendeine biologische Ursache vorliegt, die die Knabengeburten begünstigt. Welche Ursache das ist, kann die Statistik nicht entscheiden. Dies zu untersuchen, wäre wieder eine Angelegenheit der Biologie. Der Statistiker kann nur Schlüsse auf das Vorhandensein von Ursachen ziehen, nicht unmittelbare Schlüsse auf die besondere Art des ursächlichen Zusammenhangs. Man kann oft auch lesen, daß nach Kriegen die relative Häufigkeit der Knabengeburten noch etwas größer sei, als in normalen Zeiten. Dies ist eine statistische Feststellung. Aber auch hier muß der Statistiker es dem Biologen überlassen, die Erklärung zu finden. Unter Umständen wird der Biologe auch bei dieser weiteren Forschung zu statistischen Methoden greifen. Er wird vielleicht die Verhältnisse bei Stadt- und Landbevölkerung getrennt untersuchen, um Schlüsse ziehen zu können, ob in der mit dem Krieg verbundenen schlechten Ernährung der Stadtbevölkerung eine Ursache zu vermuten ist. Eines jedenfalls erkennen wir an unserem Beispiel: Der Biologe muß statistische Methoden in gewissem Umfang beherrschen.

Die Biologie hat übrigens schon seit langer Zeit statistische Methoden benutzt, um ihre Hypothesen zu gewinnen oder zu bestätigen. Der

Augustinermönch *Gregor Mendel* (1822–1884) z.B. stellte bei seinen Pflanzen-Kreuzungsversuchen die relativen Häufigkeiten des Auftretens bestimmter Merkmale (z.B. Blütenfarbe) fest und entwickelte daraus seine „Mendelschen Vererbungsregeln".

10. Die Newtonsche Formel

Wir wollen die Fragestellung unseres in Nr. 8 behandelten Problems in zweierlei Hinsicht verallgemeinern:

1. soll die Grundwahrscheinlichkeit für das Eintreten des betrachteten Ereignisses nicht speziell gleich 1/2 (wie beim Münzversuch oder beim Geschlechterproblem) sondern allgemein gleich p sein,
2. sollen nicht speziell Serien von 4 Versuchen, sondern allgemein von n Versuchen betrachtet werden.

Unsere Frage soll jetzt also lauten: Wie groß ist die Wahrscheinlichkeit dafür, daß bei n Versuchen k-mal ein Ereignis eintritt, für welches die Grundwahrscheinlichkeit p besteht?

Nehmen wir an, daß gerade in den k ersten Versuchen das Ereignis eintreten soll, so ergibt sich hierfür aus dem Multiplikationssatz die Wahrscheinlichkeit

$$w_1 = p^k .$$

Soll in den letzten $n - k$ Versuchen das Ereignis nicht eintreten, so ist die Wahrscheinlichkeit hierfür

$$w_2 = (1 - p)^{n-k} .$$

Die Wahrscheinlichkeit dafür, daß sowohl zuerst n-mal das Ereignis eintritt als auch anschließend $(n - k)$-mal nicht eintritt, ist nach dem Multiplikationssatz

$$w_{12} = w_1 \cdot w_2 = p^k \cdot (1 - p)^{n-k} .$$

Notieren wir das Eintreten mit einem Plus-Zeichen und das Nicht-Eintreten mit einem Minus-Zeichen, so erhalten wir in diesem Fall die Folge

$$\underbrace{+ + + \ldots + +}_{k\text{-mal}} \underbrace{- - - - - \ldots - -}_{(n-k)\text{-mal}} .$$

Soll es nun nicht auf die Reihenfolge des Eintretens oder Nicht-Eintretens ankommen, sondern nur auf die Gesamtzahl k der Eintrittsfälle, so wird die Wahrscheinlichkeit ein Vielfaches von w_{12} sein und zwar das $\binom{n}{k}$-fache, da nach unseren früheren Betrachtungen (Kap. 5

und 6) die Zahl der möglichen Permutationen der Plus- und Minus-Zeichen

$$\frac{n!}{k! \cdot (n-k)!} = \binom{n}{k} \text{ ist.}$$

Die Wahrscheinlichkeit dafür, daß bei n Versuchen ein Ereignis, dem die Grundwahrscheinlichkeit p zukommt, in beliebiger Aufeinanderfolge k-mal eintritt und (n — k)-mal nicht eintritt, ist demnach

$$\boxed{w = \binom{n}{k} \cdot p^k \cdot (1-p)^{n-k}} \; .$$

Diese wichtige Beziehung soll im folgenden kurz unter der gelegentlich üblichen Bezeichnung „*Newtonsche Formel*" zitiert werden.
Wir wollen diese Formel jetzt auf ein Experiment anwenden. In einer Urne mögen sich eine rote und 2 weiße Kugeln befinden. Die Grundwahrscheinlichkeit für das Ziehen einer roten Kugel ist also $p = 1/3$. Wie groß ist die Wahrscheinlichkeit, daß bei $n = 6$ Versuchen 4-mal die rote Kugel gezogen wird? — Die Newtonsche Formel ergibt

$$w = \binom{6}{4} \cdot \left(\frac{1}{3}\right)^4 \cdot \left(\frac{2}{3}\right)^2 = \frac{6!}{4! \cdot 2!} \cdot \frac{4}{729} = \frac{60}{729} = 0{,}082 \,.$$

Wie nicht anders zu erwarten, ist diese Wahrscheinlichkeit ziemlich klein. Interessant ist es nun, einmal die Wahrscheinlichkeiten für alle möglichen Fälle bei $n = 6$ Ziehungen zu bestimmen. Es ergibt sich dann:

Anzahl der bei $n = 6$ gezog. roten Kugeln	Wahrscheinlichkeit
0	$w_0 = \binom{6}{0}\left(\frac{1}{3}\right)^0\left(\frac{2}{3}\right)^6 = 64/729 = 0{,}088$
1	$w_1 = \binom{6}{1}\left(\frac{1}{3}\right)^1\left(\frac{2}{3}\right)^5 = 192/729 = 0{,}263$
2	$w_2 = \binom{6}{2}\left(\frac{1}{3}\right)^2\left(\frac{2}{3}\right)^4 = 240/729 = 0{,}329$
3	$w_3 = \binom{6}{3}\left(\frac{1}{3}\right)^3\left(\frac{2}{3}\right)^3 = 160/729 = 0{,}219$

Anzahl der bei $n = 6$ gezog. roten Kugeln	Wahrscheinlichkeit
4	$w_4 = \binom{6}{4}\left(\frac{1}{3}\right)^4\left(\frac{2}{3}\right)^2 = 60/729 = 0{,}082$
5	$w_5 = \binom{6}{5}\left(\frac{1}{3}\right)^5\left(\frac{2}{3}\right)^1 = 12/729 = 0{,}018$
6	$w_6 = \binom{6}{6}\left(\frac{1}{3}\right)^6\left(\frac{2}{3}\right)^0 = 1/729 = 0{,}001$
	Summe $729/729 = 1{,}000$

Der wahrscheinlichste unter den 7 Fällen ist mit $w_2 = 240/729$ derjenige Fall, bei dem 2 rote und 4 weiße Kugeln gezogen werden. Das ist gerade die Kombination, bei der die relative Häufigkeit des Ziehens einer roten Kugel mit der a priori gegebenen Grundwahrscheinlichkeit $p = 1/3$ übereinstimmt. Dieser Umstand ist – wie hier ohne Beweis nur nebenbei erwähnt werden soll – bei solchen Versuchen eine ganz allgemeine Erscheinung.

Dem Leser, dem die vorstehenden Entwicklungen klar und durchsichtig waren und für den die Begriffe der Wahrscheinlichkeitsrechnung schon einen gewissen Grad von Anschaulichkeit gewonnen haben, wird vielleicht schon während des Studiums der letzten Dinge klargeworden sein, daß in der Newtonschen Formel auch die Lösung unseres in Kap. 3 behandelten Problems enthalten ist, das auf unser Beispiel angewandt folgendermaßen lauten würde: Wie groß ist die Wahrscheinlichkeit w' dafür, daß bei 6 Ziehungen wenigstens einmal die rote Kugel gezogen wird? Diese Wahrscheinlichkeit ist mit den Bezeichnungen der vorstehenden Übersicht geschrieben:

$$w' = w_1 + w_2 + w_3 + \dots + w_6 = 1 - w_0 .$$

Der Leser überzeuge sich selbst davon, daß dieses Ergebnis mit dem in Kap. 3 erhaltenen übereinstimmt. Wir können jetzt unsere damalige Fragestellung sogar noch verallgemeinern und die Wahrscheinlichkeit dafür bestimmen, daß mindestens zweimal, dreimal usw. die rote Kugel gezogen wird. Der daran interessierte Leser möge sich selbst Aufgaben stellen. Auch das praktische Leben wird derartige Aufgaben zu bieten haben.

Wir wollen jedoch, von unserem Beispiel ausgehend, jetzt in ganz anderer Richtung einen Vorstoß machen, der uns wichtige Erkenntnisse bringen soll.

11. Das Bornoullische Theorem

Der Leser nehme sich die Abb. 4 vor. Sie enthält untereinander fünf Diagramme. Das zweite von oben (für $n = 6$) stellt die Ergebnisse unseres Beispiels aus Nr. 10 dar. Über der jeweiligen Anzahl der „roten" Ziehungen (0 bis 6) ist nach einem bestimmten Maßstab die in Kap. 10 berechnete Wahrscheinlichkeit als dicker schwarzer Strich aufgetragen.

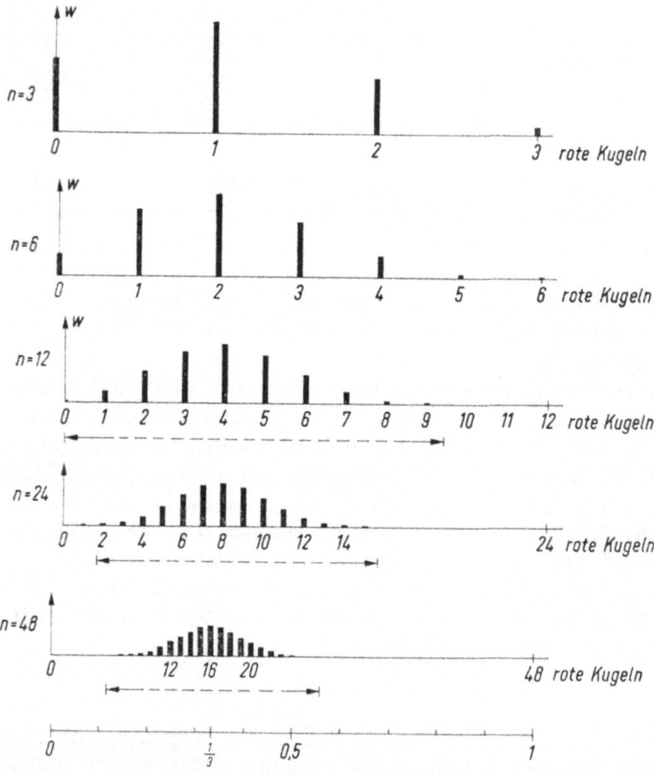

Abb. 4. Veranschaulichung des Bernoullischen Theorems

Diesem Ergebnis für $n = 6$ hat der Verfasser die in derselben Weise dargestellten Ergebnisse für $n = 3$, $n = 12$, $n = 24$ und $n = 48$ gegenübergestellt. Sie sind ebenfalls mit Hilfe der Newtonschen Formel berechnet worden. Der Leser kann sie kontrollieren, wenn er die Rechenarbeit, insbesondere bei großem n, nicht scheut. Der Maßstab auf der senkrechten Achse ist für alle fünf Diagramme gleich, der auf der waa-

gerechten Achse wurde so gewählt, daß jeweils diejenigen Anzahlen roter Kugeln übereinander stehen, die gleicher relativer Häufigkeit entsprechen. Dadurch konnte eine für alle fünf Diagramme geltende Skala der relativen Häufigkeit am unteren Rand angefügt werden.
Man erkennt, daß in allen fünf Fällen der relativen Häufigkeit 1/3 die größte Wahrscheinlichkeit zukommt. Die Gesamtlänge der schwarzen Striche ist in jedem der fünf Diagramme gleich groß. Diese Streckensumme entspricht in jedem Falle der Wahrscheinlichkeitssumme 1. Es ist also in allen Diagrammen gleich viel „Schwarzes" enthalten. Doch eine unterschiedliche Tendenz ist zu erkennen. Je größer die Anzahl n der Ziehungen einer Serie ist, desto mehr drängt sich das „Schwarze" nach der Umgebung der relativen Häufigkeit 1/3 hin, die der Grundwahrscheinlichkeit entspricht. Das bedeutet: Je größer eine Serie ist, desto geringer wird die Wahrscheinlichkeit, daß die beim Versuch zustande kommende relative Häufigkeit stark von der Grundwahrscheinlichkeit abweicht. Wir können diesen Tatbestand auch so ausdrücken: Die relativen Häufigkeiten streuen um den Wert der Grundwahrscheinlichkeit. Die Streuung ist um so kleiner, je größer die Versuchszahl n der Einzelserie ist.
Stellt man eingehendere Untersuchungen an, so ergibt sich, daß die Ergebnisse für 99,73% (d.h. fast 100%) aller Versuche zwischen den unter den einzelnen Diagrammen mit Pfeilspitzen angegebenen Grenzen liegen. Das heißt: Nur etwa 1/4% aller Versuchsserien wird eine relative Häufigkeit ergeben, die aus diesem Bereich herausfällt (und zwar zur Hälfte nach oben und zur anderen Hälfte nach unten). Unter 400 Serien wird das also im Durchschnitt nur bei einer Serie der Fall sein. Dieser 99,73%-Bereich ist, wie man aus den Diagrammen sieht, um so enger, je größer die Stichprobenzahl n einer Serie ist.
Der Leser wird sich fragen, warum ein Bereich gewählt wurde, der gerade 99,73 % der Versuchsergebnisse faßt. Es hätte einerseits natürlich keinen Sinn, 100 % zu nehmen. Bei 100 % lägen ja die Grenzen der relativen Häufigkeit stets bei 0 und 1. Denn, wenn es auch höchst unwahrscheinlich ist, daß in unserem Fall bei 48 Ziehungen überhaupt keine rote Kugel oder im Gegenteil *nur* rote Kugeln gezogen werden, *möglich* sind diese beiden Fälle natürlich. (Für den ersten Fall beträgt die Wahrscheinlichkeit $w_0 = 0{,}0000000035$, für den zweiten Fall sogar nur den 280 Billionsten Teil von w_0.) Andererseits sollte aber auch der Bereich möglichst so gewählt werden, daß er fast alle Ergebnisse enthält. Der Bereich von 99,73 %, den man auch „3σ-Bereich" (gelesen: Drei Sigma) nennt (die Erklärung für diese Bezeichnung kann erst später gegeben werden), hat sich als Norm für die Beurteilung statistischer Zahlen eingebürgert.

Man wird, wenn man diese Norm anerkennt, z.B. zu folgendem Urteil kommen: Es sei vermutet worden, daß für das Eintreten eines Ereignisses die Wahrscheinlichkeit $p = 1/3$ besteht; z.B. für das Fallen entweder einer „Eins" oder einer „Sechs" bei einem Würfel. Bei 48 Würfen sei nun das Ereignis 5-mal eingetreten. Die relative Häufigkeit beträgt dann 0,104. Aus dem Diagramm für $n = 48$ erkennen wir, daß dieses Ergebnis außerhalb der 3σ-Grenze liegt. Wir können dann sagen: Der Versuch hat die Annahme der Grundwahrscheinlichkeit $p = 1/3$ nicht bestätigt, d.h. der Würfel muß als nicht einwandfrei angesehen werden. Für die Richtigkeit dieses Urteils besteht natürlich keine Gewißheit, sondern nur eine bestimmte (wenn auch außerordentlich hohe) Wahrscheinlichkeit. Hat man eine große Reihe von Würfeln nach diesem Verfahren geprüft, so wird man von 400 geprüften einwandfreien Würfeln etwa einen zu Unrecht als falsch verdächtigen und ausscheiden. Ein solcher Verlust ist im allgemeinen — etwa für Massenuntersuchungen der Industrie — durchaus tragbar.

Will man in der Praxis Spielwürfel prüfen, so wird man die Untersuchung natürlich anders durchführen, als in dem oben angeführten Beispiel gezeigt wurde. Man wird vielleicht für jede Augenzahl einzeln prüfen, ob die Abweichung der relativen Häufigkeit von der Grundwahrscheinlichkeit 1/6 innerhalb der 3σ-Grenze bleibt, oder nicht. Dann müßten natürlich entsprechende Rechnungen für $p = 1/6$ angestellt werden. Solche Rechnungen sind, wie bereits oben erwähnt, sehr umfangreich, vor allem für große Versuchszahl n. Da aber solche Ermittlungen für alle möglichen Grundwahrscheinlichkeiten für Prüfungszwecke immer wieder erforderlich sind, hat *S. Koller*[1]) graphische Tafeln hergestellt, mit deren Hilfe für alle Grundwahrscheinlichkeiten zwischen 0 und 1 (bzw. 0% und 100%) und für Serien von $n = 2$ bis $n = 100\,000$ die obere und untere 3σ-Grenze abgelesen werden kann. Jeder Leser, der die vorstehenden Abhandlungen verstanden hat, kann die Tafel mit Erfolg benutzen.

Die Tatsache des Engerwerdens des 3σ-Bereichs mit wachsender Versuchszahl n stellt eine spezielle Auswirkung eines allgemeinen Satzes dar, den *Jakob Bernoulli* (1654–1705) ausgesprochen hat und der nach ihm als das *Bernoullische Theorem* bezeichnet wird. Dieses Theorem lautet, mit der uns geläufigen Ausdrucksweise formuliert:

Ist p die Grundwahrscheinlichkeit für das Eintreten eines Ereignisses, und werden beiderseits p beliebig enge Grenzen gesetzt, so kann stets eine Versuchszahl n so bestimmt werden, daß die relative Häufigkeit

---

[1]) *S. Koller*: Graphische Tafeln zur Beurteilung statistischer Zahlen. Dresden u. Leipzig 1940. 3. Aufl. 1953 Verl. Steinkopff, Darmstadt.

des Ereignisses mit einer beliebig hohen Wahrscheinlichkeit (bei uns 99,73%) innerhalb der gesteckten Grenzen liegt.
Dies ist im Grunde nichts anderes als unser Gesetz der großen Zahlen aus Kap. 1. Nur ist es in der neuen Form schon wesentlich schärfer gefaßt als damals.

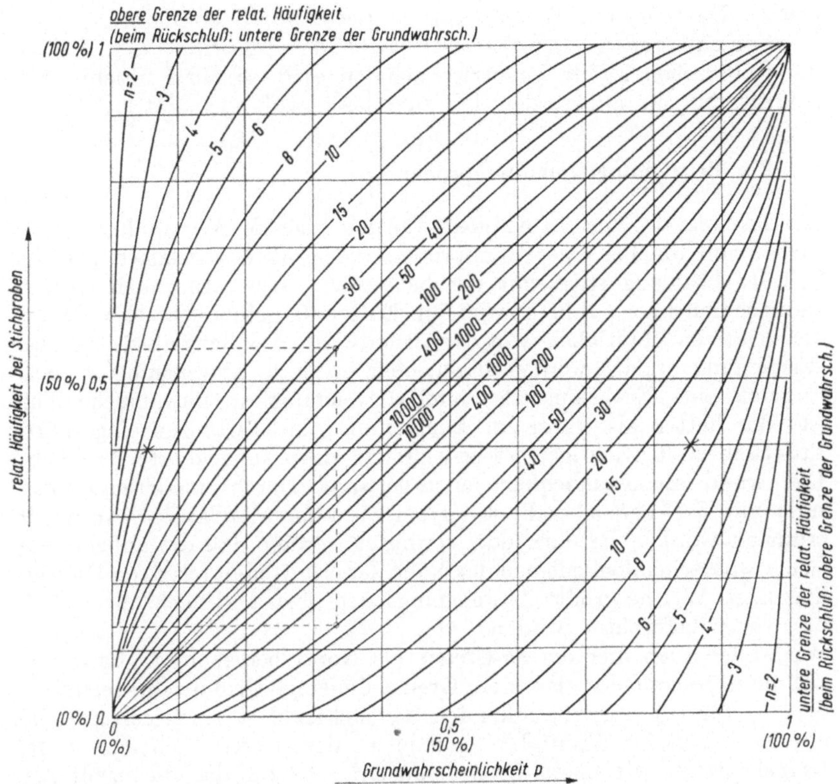

Abb. 5. Diagramm zur Bestimmung der 3σ-Grenzen

Als Ersatz für die erwähnten Kollerschen Tafeln ist in Abb. 5 ein Diagramm zusammengestellt, mit dessen Hilfe der Leser die entsprechenden Aufgaben bis zu $n = 10\,000$ ebenfalls lösen kann. Dieses Diagramm hat für den Anfänger den Vorzug größerer Übersichtlichkeit und vielseitiger Verwendungsmöglichkeit. Allerdings ist damit der entscheidende Nachteil wesentlich geringerer Genauigkeit insbesondere für die Bereiche großer n verbunden. Für den dauernden praktischen Gebrauch wird man also die Kollerschen Tafeln meist vorziehen.

Der Leser bestimme nunmehr selbst mit Hilfe von Abb. 5 die 3σ-Bereiche für unser Beispiel (Grundwahrscheinlichkeit $p = 1/3$, Stichprobenzahl $n = 48$; 24; 12; 6; 3) und vergleiche die Ergebnisse mit den Eintragungen in Abb. 4. (Für $n = 48$ sind die ermittelten Grenzpunkte als kleine Kreise in das Diagramm Abb. 5 eingetragen.) Eigentlich dürften bei endlichem n nur diskrete relative Häufigkeiten auftreten. Die kontinuierlichen Kurven der Abb. 5 sind durch Interpolation entstanden. (Der Verfasser hat bei der Aufstellung der Kurven die Kollerschen Tafeln benutzt, nachdem er diese durch Stichproben geprüft und als außerordentlich zuverlässig gefunden hat.)

12. Die Beurteilung von Stichproben

Das Problem des vorigen Kapitels war das folgende: Wir wollten untersuchen, ob die bei einer Stichprobenserie ermittelte relative Häufigkeit im Einklang steht mit der bekannten oder vermuteten Grundwahrscheinlichkeit, d.h. ob die im Einzelfall gefundene Abweichung der relativen Häufigkeit von der Grundwahrscheinlichkeit als Zufallserscheinung erklärt werden kann, oder ob diese Abweichung so groß ist, daß eine Erklärung als Zufallsabweichung zu unwahrscheinlich ist. Wir hatten als Norm zur Beurteilung die 3σ-Grenzen eingeführt. Praktisch weit wichtiger ist jedoch das dazu umgekehrte Problem: Die Grundwahrscheinlichkeit sei unbekannt. Durch eine Stichprobenserie mit der Versuchszahl n sei eine bestimmte relative Häufigkeit ermittelt worden. Es darf jetzt vermutet werden, daß die unbekannte Grundwahrscheinlichkeit p in der Nähe der ermittelten relativen Häufigkeit liegt. Welche größte Abweichung nach oben und nach unten muß nun für p befürchtet werden?

Wir wollen auch hier die 3σ-Grenze als Norm beibehalten. Es ergibt sich dann folgerichtig als untere Grenze diejenige Grundwahrscheinlichkeit p, für die (der betreffenden Versuchszahl n entsprechend) die ermittelte relative Häufigkeit gerade an der oberen 3σ-Grenze liegt. Umgekehrt ist die obere Grenze dasjenige p, für das die ermittelte relative Häufigkeit gerade die untere 3σ-Grenze darstellt. Unser Diagramm Abb. 5 ist auch zur Lösung dieser umgekehrten Grenzbestimmungsaufgaben geeignet.

Die praktische Bedeutung der Umkehrungsaufgabe liegt auf der Hand. In der Praxis ist in den meisten Fällen die Grundwahrscheinlichkeit nicht a priori zu ermitteln. Sie ist also zunächst stets unbekannt. Sie kann nur durch statistische Untersuchungen, d.h. durch Stichproben, bestimmt werden. Diese Stichproben bergen aber, wie wir in dem vorigen Kapitel sahen, gewisse Unsicherheiten, die wir gern ihrer wahrscheinlichen Größe nach abschätzen möchten.

Wenn wir z.B. lesen, daß zur Blutgruppe

AB	5%	B	15%
A	40%	O	40%

aller Menschen gehören, so werden wir als kritisch eingestellte Leser uns fragen: Woher weiß das derjenige, der das behauptet? Wer in seinem Bekanntenkreis fragt, wird feststellen, daß nur bei den allerwenigsten die Blutgruppe einmal bestimmt worden ist. Und trotzdem ist zu lesen, 40% *aller* Menschen gehöre der Blutgruppe A an. Wie kann so etwas behauptet werden, ohne daß wirklich alle Menschen untersucht worden sind? Der Verfechter dieser Behauptung wird sich auf Stichproben berufen. Könnte es nun nicht sein, daß bei Berücksichtigung all der vielen Nichtuntersuchten das Bild ganz anders aussähe? Vielleicht gehören gerade alle Nichtuntersuchten zur Blutgruppe B. Nun, das letztere erscheint wohl auch dem ärgsten Skeptiker als kaum denkbar. Dann müßte schon ein seltsamer Zufall bei der Auswahl der Versuchspersonen im Spiel gewesen sein. Gänzlich unmöglich wäre ein solcher Sachverhalt natürlich nicht, aber er ist im höchsten Grade unwahrscheinlich. Dem Verfasser ist nicht bekannt, wie groß die Zahl der Untersuchten ist, die den obengegebenen Prozentangaben zugrunde liegt. Sie wird jedenfalls mindestens in die Tausende gehen. Wir wollen jetzt einmal annehmen, es seien nur 10 Personen untersucht worden und bei 4 Personen sei Blutgruppe A festgestellt worden. Dann ist die relative Häufigkeit 0,4 (oder 40%). Wir werden bei dieser kleinen Versuchszahl $n = 10$ noch kein rechtes Vertrauen dazu haben, daß das Ergebnis einigermaßen mit der gesuchten Grundwahrscheinlichkeit übereinstimmt. Wir müssen fürchten, daß dieses Ergebnis stark von Zufälligkeiten beeinflußt worden ist. Nach Abb. 5 (Grenzpunkte als kleine Kreuze eingetragen) müßte in diesem Fall die gesuchte Grundwahrscheinlichkeit p mit 99,73% Wahrscheinlichkeit zwischen den Grenzen 5% und 85% liegen. Diese Grenzen sind außerordentlich weit. Wächst die Zahl n der untersuchten Personen, so wird die Spanne immer kleiner werden. Es ergeben sich bei einer als gleichbleibend angenommenen relativen Häufigkeit von 40% nach Abb. 5 die folgenden Grenzen für die Grundwahrscheinlichkeit

Anzahl der Versuchspersonen n	untere	obere	Breite des 3σ-Bereiches
	Grenze der Grundwahrscheinlichkeit p		
10	5%	85%	80%
100	26%	56%	30%
1000	35,4%	44,8%	9,4%
10000	38,5%	41,5%	3%

Je nachdem, welche Genauigkeit bei Stichprobenuntersuchungen angestrebt wird, muß die Versuchszahl n mehr oder weniger groß gewählt werden. Für die Breite des 3σ-Bereiches kann der Leser aus der vorstehenden Tabelle die Gültigkeit folgender wichtiger Faustregel leicht nachprüfen: Die Breite des 3σ-Bereiches ist umgekehrt proportional der Wurzel aus der Stichprobenzahl n. (Für 100-faches n zeigt die Tabelle tatsächlich ein Zusammenschrumpfen des Bereichs auf etwa ein Zehntel.) Eine Erklärung für diesen Zusammenhang wird der Leser im Abschnitt IV dieses Buches finden.
Einer, der Behauptungen auf Grund von Stichprobenergebnissen aufstellt, muß über das Maß an Zuverlässigkeit, das seinen Behauptungen zukommt, erstens sich selbst klar sein und zweitens andere nicht in Unklarheit lassen. Gegen diese Forderung wird leicht einmal verstoßen; vielfach aus Unkenntnis, mitunter wohl sogar mit Täuschungsabsicht. Nur so ist es zu dem abwertenden geflügelten Wort gekommen, daß man „mit der Statistik alles beweisen" könne.
Wenn ein Arzt mit einer neuen Behandlungsweise bei 50 Patienten in 36 Fällen (d.h. 72 %) einen Heilungserfolg hatte, während eine alte Behandlungsweise bei derselben Krankheit nach gesicherten Erfahrungen durchschnittlich nur 56 % Heilungen ergibt, kann dieser Arzt dann mit einiger Sicherheit behaupten, daß sein neues Heilverfahren dem alten überlegen ist? – Eine Untersuchung mit dem Diagramm Abb. 5 ergibt, daß bei der alten Behandlungsmethode bei 50 Stichproben eine relative Häufigkeit der Heilungen von 77 % noch an der oberen Grenze des 3σ-Bereiches liegt. Also liegt der tatsächlich erzielte Satz von 72 % innerhalb dieses Bereichs. Die Überlegenheit der neuen Methode ist also nach unserem Kriterium nicht gesichert, wenn auch eine ziemlich große, jedoch für unser Kriterium noch etwas zu geringe Wahrscheinlichkeit für die Überlegenheit des neuen Verfahrens spricht. Würde unser Arzt bei weiteren 50 Patienten wieder 36 Heilungen erzielen, dann wäre die Überlegenheit seines Verfahrens gesichert, denn bei 100 Stichproben liegt für 56 % Grundwahrscheinlichkeit die obere 3σ-Grenze bei einer relativen Häufigkeit von 71 %. Diese obere Grenze wäre dann mit der neuen Behandlungsweise überschritten worden.

Auch für den Fall, daß etwa die Wirksamkeit zweier neuer Heilverfahren verglichen werden soll, wobei für beide nur Versuchsserien mit verhältnismäßig kleinem n vorliegen, sind in dem Tafelwerk von Koller Unterlagen enthalten.

Mit unserem Diagramm Abb. 5 könnten wir solche Aufgaben gleichfalls lösen. Ergeben sich für beide Versuchsserien 3σ-Bereiche, die sich nicht überschneiden, so ist die Überlegenheit des einen Verfahrens als gesichert anzusehen und zwar bereits in einem weit höheren Maße, als es dem normalen 3σ-Prozentsatz (99,73 %) entspricht. Die ebengenannte Bedingung ist also mehr als hinreichend.

Die indirekte Prüfung der Richtigkeit einer Behauptung (in diesem Zusammenhang oft „Hypothese" genannt) durch Vergleich von statistisch gewonnenen Zahlenunterlagen ist wohl in allen Wissenschaften nötig, wenn es sich um komplizierte und schwer überschaubare Zusammenhänge handelt. Gewiß kann z.B. der Physiker *direkte* Untersuchungen anstellen. Er kann durch einfache Messung feststellen, nach welchem Gesetz die Stromstärke in einem Stromkreis steigt, wenn die angelegte Spannung erhöht wird. Auch wenn er viele Versuche anstellen wollte, dann ergäbe sich doch immer dasselbe Resultat. Die Dinge liegen hier insofern sehr einfach, als der betreffende Physiker ohne Mühe immer wieder dieselben Versuchsbedingungen herstellen kann. Er wird in dem hier geschilderten Fall einfach immer denselben Stromkreis für seine Versuche benutzen und er wird bestenfalls nur noch darauf achten müssen, daß die Temperatur bei seinen Versuchen konstant bleibt. Der Arzt hat es viel schwerer. Es kann ihm naturgemäß gar nicht gelingen, dieselben Versuchsbedingungen zu schaffen. Er hat immer wieder neue Patienten, die ganz verschieden geartet sind und die unter ganz verschiedenen Bedingungen leben, welche so mannigfaltig auf den Verlauf einer Krankheit einwirken können, daß ihr Einfluß nicht zu fassen ist. Der Arzt muß sich also, wenn er etwa die Wirksamkeit zweier verschiedener Medikamente erproben will, der statistischen Forschungsmethode bedienen. Er muß versuchen, den unübersehbaren Einfluß der mannigfaltigen Nebenumstände auszuschalten, indem er mit jedem der beiden Medikamente eine so große Anzahl von Versuchen durchführt, daß er nach den Gesetzen der Wahrscheinlichkeitsrechnung annehmen darf, daß im ganzen die günstigen und ungünstigen Nebenumstände sich bei beiden Versuchsreihen in etwa gleicher Weise auswirken. Einen wesentlichen Unterschied, der sich zwischen den Ergebnissen der beiden Versuchsreihen zeigt, darf er dann mit einer großen Wahrscheinlichkeit der verschiedenen Wirkung der beiden Medikamente zuschreiben. Voraussetzung ist natürlich, daß er die Auswahl der Versuchspersonen und sonstigen Umstände ganz dem Zufall überlassen hat. Gibt er etwa das eine Medikament nur an Frauen, das andere nur an Männer, oder gibt er das eine vorzugsweise älteren Personen und das andere jüngeren, so ist die Auswahl nicht zufällig, und er kann am Ende nicht wissen, ob das verschiedenartige Ergebnis eine Folge der verschiedenen Wirksamkeit der Medikamente oder etwa eine Folge des Alters bzw. des Geschlechts der Patienten ist. Um die Auswahl wirklich dem Zufall zu überlassen, kann der Arzt z.B. nach dem Anfangsbuchstaben der Familiennamen sich richten, indem er allen Patienten von A bis M das eine und allen

Patienten von N bis Z das andere Medikament gibt. Er kann auch, um von vornherein den Einfluß des Alters und des Geschlechts auszuschalten, alle seine Patienten in Alters- und Geschlechtsgruppen sortieren und jede dieser Gruppen nach dem Alphabet in zwei gleichstarke Halbgruppen teilen.

Eine große Rolle spielen statistische Untersuchungen z.B. auf wirtschaftlichem und soziologischem Gebiet, denn auch hier hat man es mit einer großen Zahl von Einzelerscheinungen zu tun, deren Ursachen und Auswirkungen nicht zu überschauen sind, bzw. mit Individuen, deren Pläne und Ziele, deren Anlagen und Fähigkeiten so mannigfaltiger und „unberechenbarer" Art sind, daß sie in direkter Weise nicht in Rechnung gestellt werden können. Wirtschaftliche und soziologische Forschungen sind deshalb nur unter Zuhilfenahme der statistischen Forschungsmethode möglich. Da vollständiges Material (wie z.B. aus den Volkszählungen) nur auf wenigen Gebieten vorliegt oder zu beschaffen ist, ist die Stichprobe hier ein häufig gebrauchtes Forschungsmittel. Der Forscher aber, der sich dieses Mittels bedient, muß sich über die Grenzen seiner Zuverlässigkeit klar sein.

Auf einen wichtigen Umstand ist dabei besonders zu achten. Will ein Wirtschaftsforscher z.B. Untersuchungen über die Rentabilität der deutschen Möbelerzeugung anstellen, dann kann er nicht alle deutschen möbelerzeugenden Betriebe aufsuchen und sich die Unterlagen zur Auswertung geben lassen. Er wird vielmehr eine gewisse Anzahl von Betrieben herausgreifen und aus den hier gewonnenen Ergebnissen auf die Lage der gesamten deutschen Möbelerzeugung schließen. Voraussetzung ist dann, daß die von ihm herausgegriffenen Firmen die Gesamtheit der deutschen Möbelfirmen „repräsentieren". So wie der forschende Mediziner ein Mittel etwa bei alten und jungen Patienten erproben muß, muß unser Wirtschaftsforscher kleine, mittlere und große Möbelbetriebe berücksichtigen und zwar in dem Maße, wie die betreffenden Gruppen zahlenmäßig im gesamten deutschen Gebiet vertreten sind. Oder — mit den gebräuchlichen Fachbezeichnungen ausgedrückt — : Für den Wirtschaftsforscher bilden bei der Untersuchung alle deutschen Möbelbetriebe ein sog. „Kollektiv". Die Betriebe, die er bei seinen Stichprobenuntersuchungen herausgegriffen hat, bilden ein „Teilkollektiv" des vorerwähnten Kollektivs. Bei Stichprobenuntersuchungen ist es also wichtig, daß das Teilkollektiv der untersuchten Individuen das Gesamtkollektiv aller Individuen, über das eine Aussage gemacht werden soll, repräsentiert, so wie etwa ein Parlament („Repräsentantenhaus") die Gesamtheit der Wähler hinsichtlich ihrer politischen Einstellung repräsentieren soll.

Die hier angeführten Beispiele aus der Medizin und aus der Wirtschaftsforschung mögen für alle anderen Wissenschaften stehen. Es soll nur noch erwähnt werden, daß sogar die Physik, als die exakteste aller Naturwissenschaften, gelegentlich zu statistischen Forschungsmethoden greifen muß, denn auch bei physikalischen Versuchen sind nicht alle äußeren Umstände stets kontrollierbar. Insbesondere gilt das für Versuche, aus deren Ergebnissen Hypothesen über die Eigenschaften und das Verhalten der kleinsten Materieteilchen gewonnen werden sollen.

IV. Weitere Anwendungen in Wissenschaft und Praxis

A. Streuungen

13. Die Streuung von Meßergebnissen

Der Begriff der Streuung ist uns schon mehrmals begegnet, als wir von der Streuung der relativen Häufigkeit um ihren Grenzwert, die Grundwahrscheinlichkeit, sprachen. Wir sagten damals, daß diese Streuung um so kleiner sei, je größer die Anzahl der Einzelversuche einer Versuchsserie ist. Eine solche Streuung tritt nun aber nicht nur auf beim Messen von relativen Häufigkeiten oder überhaupt von Größen, die in der Wahrscheinlichkeitsrechnung eine Rolle spielen. Streuungen treten bei der Messung jeder Größe auf, die nicht durch ein „gequanteltes" sondern durch ein kontinuierliches Maß gemessen wird. Größen, die durch ein gequanteltes Maß gemessen werden, sind z.B. Geldbeträge. Die kleinste nicht mehr unterteilbare Einheit ist für einen deutschen Kassierer der Pfennig. Sein Kassenbestand muß haargenau auf den Pfennig stimmen. Bruchteile eines Pfennigs gibt es nicht. Der Begriff der Streuung ist dem Kassierer unbekannt. Er darf sich insbesondere nicht auf eine vorhandene „Streuung" berufen, wenn in seiner Kasse ein unerklärbarer kleiner Fehlbetrag oder Überschuß zutage tritt. Geld wird gezählt und nicht gemessen. Will man dagegen etwa die Länge eines Fussballplatzes bestimmen, so sieht das ganz anders aus. Wäre hier die kleinste Maßeinheit ein Meter und hätte man ein Meßband, auf dem nur ganze Meter abgelesen werden könnten, so würde wohl bei genau gegebener Ablesevorschrift auch hier jede Messung dasselbe Resultat ergeben, sagen wir einmal 109 m. Eine Streuung wäre nicht zu erkennen. Messen wir nun aber mit einem Meßband von 10 m Länge, auf dem Zentimeter angegeben sind, so werden die einzelnen Messungen nicht mehr ganz übereinstimmen. Sie streuen. Es mögen abgelesen sein die Werte 109,29 m, 109,18 m, 109,24 m, 109,23 m, 109,21 m. Eine solche Streuung tritt auf, obwohl der Messende sich bemüht hat, möglichst genau zu arbeiten. Nachdem er nun fünfmal durchgemessen hat, weiß er nicht, welche seiner Messungen richtig ist, bzw. der wirklichen Länge am nächsten kommt. Er kennt also trotz fünfmaliger Messung die wirkliche Länge des Platzes nicht. Dabei wollen wir annehmen, daß systematische Fehler wie etwa durch falsche Meßbandlänge, systematisch falsches Anlegen des Meßbandes usw. nicht auftreten.

Wie kommt der Unterschied in den Meßergebnissen zustande? Nun, der Fehlerquellen gibt es viele. Wir wollen hier einmal davon absehen, daß verschieden starke Spannungen des Meßbandes dessen Länge beeinflussen, daß Abweichungen von der geraden Verbindungslinie zwischen Anfangspunkt und Endpunkt der Meßstrecke sich auswirken. Wir wollen weiter von allen möglichen anderen Fehlerquellen absehen und hier nur einmal die Fehler betrachten, die beim Neuanlegen des 10 m langen Meßbandes entstehen. Da die Endpunkte des Meßbandes auf dem Sportplatz nicht so genau markiert werden können, wie das mit Bleistift auf einem Reißbrett möglich wäre, so dürfen wir wohl annehmen, daß durchschnittlich beim Neuanlegen Fehler von etwa 1 cm gemacht werden. Diese Fehler werden unregelmäßig bald im einen bald im anderen Sinne sich auswirken. Hat der Messende Glück, so werden sie sich weitgehend gegenseitig aufheben, hat er Pech, so wird ein verhältnismäßig hoher Restfehler bleiben. Unseren 10 „Zwischenmeßpunkten" entsprechen 10 Fehlermöglichkeiten. Wir wollen nun vorläufig, der Einfachheit halber, in einer allerdings der Wirklichkeit nicht ganz entsprechenden Weise annehmen, daß jedesmal ein Fehler vom Betrag 1 cm gemacht wird. Trägt ein Fehler zur Vergrößerung des Meßwertes bei, so wollen wir ihn hier mit einem Plus-Zeichen, im gegenteiligen Fall mit einem Minus-Zeichen markieren. Für beide Fehlermöglichkeiten besteht je die Grundwahrscheinlichkeit 1/2. Es seien bei einer bestimmten Messung des Platzes folgende Fehler gemacht worden (was der Messende selbst natürlich niemals weiß):

$$- \quad + \quad + \quad + \quad - \quad - \quad + \quad + \quad - \quad + \,.$$

Es stehen also 6 Plus-Zeichen den 4 Minus-Zeichen gegenüber. Damit besteht ein Überschuß von 2 Plus-Zeichen. Das bedeutet, daß insgesamt die Strecke um 2 cm zu groß gemessen wurde. In den Plus-Minus-Reihen von Messungen sind alle Variationen gleichwahrscheinlich. Es gibt ihrer

$$V_w^{10}(2) = 2^{10} = 1024 \;.$$

Daß einmal bei einer Messung 10 Plus erscheinen, ist sehr wenig wahrscheinlich. Unter 1024 Sportplatzmessungen wird im Durchschnitt eine einzige sein, bei der dies eintritt. In diesem Fall würde also ein Meßfehler von +10 cm auftreten. Für die Kombination 9 Plus und 1 Minus gibt es $10!/(9!\cdot 1!) = 10$ Möglichkeiten. Die Wahrscheinlichkeit für das Auftreten von 9 Plus und 1 Minus (d.h. für den Meßfehler +8 cm) ist also $w_8 = 10/1024$ usw. Die weiteren Rechnungen sind in der folgenden Tabelle zusammengestellt:

Anzahl der + Meßfehler	Anzahl der − Meßfehler	Anzahl der Permutationen	Wahrscheinlichkeit des Auftretens der Fehlerkombination	Gesamt-Meßfehler in cm
10	—	1	1/1024	+10
9	1	10	10/1024	+8
8	2	45	45/1024	+6
7	3	120	120/1024	+4
6	4	210	210/1024	+2
5	5	252	252/1024	0
4	6	210	210/1024	−2
3	7	120	120/1024	−4
2	8	45	45/1024	−6
1	9	10	10/1024	−8
—	10	1	1/1024	−10

In der zweiten Spalte (Anzahl der Permutationen) tritt, wie wir jetzt schon leicht erkennen, die Reihe der Binomialkoeffizienten für den Exponenten 10 auf. (Vrgl. das Beispiel in Nr. 8.) Der Leser rechne selbst nach. Da die Summe aller Wahrscheinlichkeiten 1 sein muß, muß die Summe der Binomialkoeffizienten gleich 1024 sein, was man durch Addieren leicht bestätigen kann.

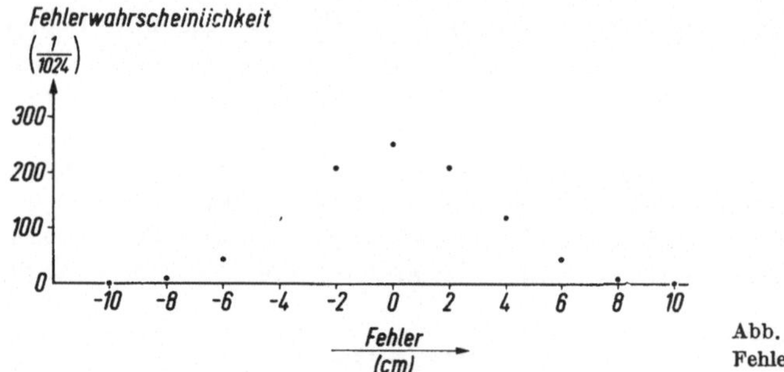

Abb. 6
Fehlerwahrscheinlichkeit

Aus unserer Tabelle erkennen wir, welcher Art die Streuung der Meßwerte ist. Wenn wir bei unseren stark vereinfachenden Fehlerannahmen bleiben, so werden unter 1024 Messungen etwa 252 den richtigen Wert ergeben, etwa 210 Messungen werden einen um 2 cm zu großen und ebenso viele einen um 2 cm zu kleinen Wert liefern, nur etwa 120 einen um 4 cm zu großen usw. Die Meßergebnisse häufen sich also um den richtigen Wert. Je weiter wir uns vom richtigen Wert entfernen, desto

seltener wird eine Messung den betreffenden Wert ergeben. Wenn wir die relative Häufigkeit der Fehler über der Fehlergröße auftragen, so erhalten wir die Abb. 6. Beim Anblick dieser Abbildung ist man versucht, durch die Punkte eine glatte Kurve zu zeichnen. Dies hat jedoch unter den von uns gemachten sehr einfachen Fehlervoraussetzungen keinen Sinn, da die Wahrscheinlichkeiten nur für ganz diskrete Fehlerwerte definiert sind. In der Wirklichkeit liegen die Dinge etwas komplizierter. Darauf kommen wir in Nr. 18 noch einmal zurück.
Wir wollen im folgenden erst einmal ein mechanisches Modell für unseren vereinfachten Fall der Meßstreuung betrachten.

14. Der Galtonsche Zufallsapparat

Der Engländer *Galton* (1822–1911) hat einen Apparat angegeben, der sehr gut als Modell zur Veranschaulichung unserer Meßstreuung dienen kann. Der Apparat besteht aus einem Brett, in das etwa 10 Reihen

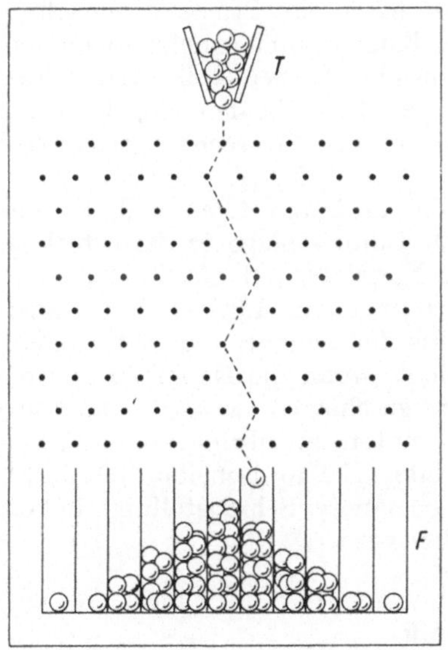

Abb. 7
Galtonsches Nagelbrett

Nägel nach dem Muster der Abb. 7 eingeschlagen sind. In einen Trichter T wird eine Bleikugel passender Größe eingeworfen, die in unregelmäßiger Weise durch die Nagelreihen nach unten fällt und in einem der Fächer F aufgefangen wird. Die Kugel hat an dem obersten Nagel 2 Möglichkeiten. Sie kann entweder eine „Einheit" nach links

(Minus) oder eine Einheit nach rechts (Plus) fallen und so an einen der beiden schräg unter dem ersten Nagel befindlichen Nägel der zweiten Reihe stoßen. Wir wollen annehmen, sie hat sich für links entschieden. An dem entsprechenden Nagel angelangt, hat sie wieder 2 Möglichkeiten. Sie möge sich diesmal für rechts entscheiden. Die gestrichelt eingezeichnete Bahn entspricht gerade unserer in Nr. 13 als Beispiel angenommenen Variation

$$- \quad + \quad + \quad + \quad - \quad - \quad + \quad + \quad - \quad + \, .$$

Wäre unser Apparat so groß, daß die Breite der Fächer — also auch der seitliche Nagelabstand — 2 cm betrüge, so würde die Lage der Kugeln gerade den Gesamtmeßfehler für unsere Sportplatzlänge angeben. Jede waagerechte Nagelreihe repräsentiert dabei eine Fehlerquelle.

Lassen wir nun 1024 Kugeln durch unseren Trichter laufen, so wird die Verteilung der Kugeln in den Fächern etwa der Reihe der Binomialkoeffizienten für den Exponenten 10 entsprechen. Das mittlere Fach würde die meisten Kugeln — nämlich etwa 252 Stück — enthalten, und nach außen zu würde die Zahl der Kugeln immer mehr abnehmen, wie es den Ordinaten in Abb. 5 entspricht. In den äußersten beiden Fächern würde etwa je eine Kugel liegen. Diese beiden Kugeln wären solche, die sich immer für links bzw. immer für rechts entschieden haben.

Wer sich selbst einen solchen Zufallsapparat anfertigen will, besorge sich zuerst die Bleikugeln (Bleischrot). Dann schlage er Stahlstecknadeln in ein dickeres Brett; seitlicher Nadelabstand gleich Reihenabstand. Die Nadeln der nächsten Reihe immer „auf Lücke". Den Nadelabstand wähle er dabei etwas größer als den Durchmesser der Kugeln. Gleichmäßigkeit wird am besten erreicht, wenn die Nadeln durch ein untergelegtes Stück Millimeterpapier geschlagen werden, das sich hinterher leicht entfernen läßt. Die unten anzubringenden Fächer werden am besten mit einer Glas- oder Zellhornscheibe überdeckt. Beim Versuch muß das Brett eine geeignete Schrägstellung haben, die am besten durch Probieren gefunden wird.

15. Die Streuung in Natur und Technik

Wir haben bisher von Streuungen nur gesprochen im Blick auf die Schwankungen der Meßergebnisse beim Messen einer bestimmten Größe. Von dieser zu messenden Größe nehmen wir an, daß sie selbst nicht schwankt, daß sie einen genau definierten Betrag hat. Schwankungen führen nur die jeweiligen Meßwerte aus. Wir wollen in diesem

Zusammenhang kurz von „Meßstreuungen" sprechen. Nun kommen aber in der Natur selbst Schwankungen vor. Messen wir nämlich einmal nicht einen bestimmten Gegenstand, sondern eine ganze Serie von Gegenständen gleicher Art, etwa eine große Anzahl reifer Bohnen der gleichen Sorte und Ernte, so werden wir feststellen, daß nicht alle Bohnen gleich lang sind. Dabei ist diese Schwankung der tatsächlichen Bohnenlänge weit größer als eine etwaige Meßstreuung. (Die Kleinheit der letzteren erkennen wir, wenn wir ein und dieselbe Bohne mehrmals messen.) Wir sprechen auch hier, wenn wir die Länge der verschiedenen Bohnen vergleichen, von einer *Streuung* der Bohnenlänge. Bei genauer Untersuchung werden wir feststellen, daß Bohnen mittlerer Länge verhältnismäßig häufig auftreten, daß extrem lange und extrem kurze Bohnen dagegen verhältnismäßig selten sind. Sortieren wir die Bohnen nach ihrer Länge in verschiedene Klassen mit einer „Klassenbreite" von vielleicht 2 mm, so werden in den mittleren Klassen verhältnismäßig viele Bohnen zu finden sein, und je weiter wir uns von der Mitte entfernen, desto geringer wird die Anzahl der in die betreffenden Klassen einsortierten Bohnen werden. Die Bohnen werden ähnlich verteilt sein, wie die Bleikugeln beim Galtonschen Zufallsapparat. Es ist also verständlich, daß man auch hier von Streuung spricht, obwohl die Meßstreuung nach der Art ihrer Herkunft etwas ganz anderes ist. Wir wollen im Gegensatz zur Meßstreuung in unserem Fall von einer Größenstreuung sprechen. Der Galtonsche Zufallsapparat diente uns als Modell für die Meßstreuung. Die Streuung beim Galtonschen Apparat selbst stellt jedoch, wie wir uns leicht klar machen, eine Größenstreuung dar. Wir können diesen Apparat auch als vereinfachendes Modell für die Streuung unserer Bohnenlänge benutzen. Wir müssen uns vorstellen, daß sehr viele biologische und äußere Faktoren die Länge einer Bohne teils im günstigen teils im ungünstigen Sinne beeinflussen. Es wird selten vorkommen, daß alle Faktoren gleichzeitig so kombiniert sind, daß sie im selben Sinne wirken, so daß eine Bohne extremer Länge entsteht. In den meisten Fällen werden die wirksamen Faktoren sich zu einem großen Teil aufheben, so daß die Abweichung von der durchschnittlichen Länge nicht allzu groß ist. Ähnlich wie bei unseren Bohnenlängen ist es auch bei anderen biologischen Maßen. Auch die Körperlänge des Menschen „streut". Ordnen wir alle erwachsenen Männer in Klassen von der Klassenbreite 1 cm, so werden in der Klasse etwa von 171 bis 172 cm weit mehr Vertreter sich befinden als beispielsweise in der Klasse 193 bis 194 cm oder in der Klasse 156 bis 157 cm. Eine ähnliche Streuung würde sich ergeben, wenn wir die Menschen nach „Gewichtsklassen" ordneten. Aber nicht nur bei natürlich gewachsenen sondern auch bei maschinell in Massenproduktion hergestellten Dingen ergeben sich Streuungen bezüglich der Maße, Gewichte, Festigkeiten und sonstiger Eigenschaften. Die Technik muß in vielen Fällen durch Steigerung der Präzision bestrebt sein, diese Streuungen so klein wie nur möglich zu halten (z.B. die Streuungen im Durchmesser bei Wellen, die in bestimmte Lager passen sollen). Völlig vermeiden lassen sich diese Streuungen nicht, wenn sie auch im allgemeinen viel kleiner sind, als die Streuungen der Maße von Naturerzeugnissen. Jedem alten Artilleristen ist bekannt, daß die von den Munitionsfabriken gelieferten Geschosse in Geschoßgewichtsklassen eingeteilt werden mußten, weil es eben nicht gelang, Geschosse von ganz gleichem Gewicht herzustellen.

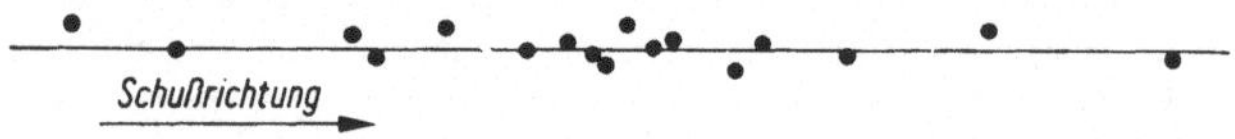

Abb. 8. Treffbild

Die Bezeichnung „Streuung" stammt wohl überhaupt aus der Ballistik. Wenn man nämlich eine Serie von Schüssen aus dem gleichen Geschütz mit gleicher Höhen- und Seitenrichtung und mit „gleicher" Munition abgibt, so fallen nicht alle Geschosse in dasselbe Erdloch, sondern ihre Aufschlagpunkte ergeben ein „Treffbild" wie es etwa in der Abb. 8 dargestellt ist. Dabei ist, wie man aus dem Bild erkennt, die Streuung in der Schußrichtung, die sog. Längenstreuung, wesentlich größer als die Seitenstreuung. Von den vielen Ursachen, die zur Treffpunktstreuung beitragen, seien genannt: Abweichungen im Geschoßgewicht, in der Geschoßform, Abweichungen in der Treibladung, Abweichungen im Abgangswinkel durch Rohrschwingungen während des Schusses, Ungleichmäßigkeiten der Luftbewegung (Böen) usw. Selten wird es vorkommen, daß alle die vielen hier nicht einzeln aufgezählten Ursachen im selben Sinne, etwa im Sinne einer Schußweitenvergrößerung wirken. Meist werden sie sich zu einem großen Teil aufheben, so daß die Abweichung von einem mittleren Treffpunkt verhältnismäßig klein wird. Die Geschoßeinschläge werden sich also um diesen mittleren Treffpunkt „häufen", wie das bei allen von uns betrachteten Streuungen der Fall war.

16. Ein Maß für die Größe der Streuung

Wir sprachen davon, daß die Längenstreuung bei dem in Abb. 7 dargestellten Treffbild wesentlich größer sei, als die Seitenstreuung. Als Grundlage für diesen Vergleich stand uns lediglich unser „Augenmaß" zur Verfügung. Zum Zweck genaueren Vergleichs der Streuungen müssen wir uns jedoch ein genaueres Streuungsmaß beschaffen. Naheliegend wäre es, einfach den Unterschiedsbetrag zwischen den Längen- bzw. Seitenkoordinaten der jeweils extremsten Schüsse, die sog. „Variationsbreite", als Maß für die Streuung anzugeben. Dieses Maß wäre jedoch zu stark von Zufälligkeiten abhängig. Man könnte auch die durchschnittliche Abweichung der Schüsse vom „mittleren Treffpunkt" als Maß benutzen. Wir wollen jedoch im folgenden nur die Art der Streuungsberechnung kennenlernen, die allgemein üblich ist, weil sie sich als am zweckmäßigsten erwiesen hat. Dabei wollen wir uns jetzt – im Blick auf unser Beispiel – auf die Längenstreuung beschränken. Zunächst bestimmen wir uns die mittlere Schußweite $\bar{x}$ als arithmetisches Mittel der Schußweiten $x_1, x_2, x_3, \ldots x_n$ aller n Schüsse. Es ergibt sich dabei

$$\bar{x} = \frac{x_1 + x_2 + x_3 + \ldots + x_n}{n} = \frac{[x]}{n}.$$

(Die rechts benutzten eckigen Klammern sind von *Gauß* (1777–1833) als abkürzendes Summensymbol in die Streuungsrechnung eingeführt worden.) Dann bilden wir die Differenzen der Einzelschußweiten mit der mittleren Schußweite

$$\begin{aligned} \delta_1 &= x_1 - \bar{x} \\ \delta_2 &= x_2 - \bar{x} \\ \delta_3 &= x_3 - \bar{x} \\ &\vdots \\ \delta_n &= x_n - \bar{x}. \end{aligned}$$

Wir bilden die Summe der Quadrate dieser Einzelabweichungen

$$\delta_1^2 + \delta_2^2 + \delta_3^2 + \ldots + \delta_n^2 = [(x - \bar{x})^2].$$

Dividieren wir diese Summe durch die Anzahl n der Schüsse, so erhalten wir ein mittleres Abweichungsquadrat

$$s^2 = \frac{[(x - \bar{x})^2]}{n}.$$

Ziehen wir hieraus noch die Wurzel, so erhalten wir eine gewisse mittlere Abweichung der Schußweiten von der mittleren Schußweite der Versuchsserie

$$s = \sqrt{\frac{[(x - \bar{x})^2]}{n}}, \tag{16.1}$$

in der man ein geeignetes Maß für die Streuung sehen kann. Man bezeichnete früher oft schlechthin s als die Streuung der Größe x oder manchmal auch als ihre „mittlere quadratische Abweichung". Besser ist die heute durchweg gebräuchliche Bezeichnung „Standardabweichung", die auch wir benutzen wollen. (Die Formel (16.1) wird später noch etwas zu verbessern sein.)

Mit Hilfe unserer Formel ist der Leser nunmehr ohne weiteres imstande, Streuungen zu vergleichen; z.B. die Streuungen der relativen Häufigkeiten nach Kap. 8. An die Stelle der Schußweite tritt dort die relative Häufigkeit, an die Stelle der mittleren Schußweite die mittlere relative Häufigkeit, für die man hier zweckmäßig die apriorisch gefundene Wahrscheinlichkeit (1/2) benutzen wird. Der Leser bestimme die betreffenden Standardabweichungen und beurteile dann den Einfluß der höheren Versuchszahl einer Serie auf die Zuverlässigkeit des Resultats. An einem Beispiel sei das Verfahren kurz angedeutet:

Beispiel: Die ersten 4 Würfe aus des Verfassers Wurfserie ergeben eine relative Häufigkeit der A-Würfe von 2/4, die zweiten 4 Würfe wieder 2/4, die dritten 4 Würfe 3/4 usw. Der Grenzwert der relativen Häufigkeit, der hier anstelle eines Mittelwertes zu verwenden ist, ist gleich $1/2 = 2/4$. Demnach ist

$$\delta_1 = \frac{2}{4} - \frac{2}{4} = 0$$

$$\delta_2 = \frac{2}{4} - \frac{2}{4} = 0$$

$$\delta_3 = \frac{3}{4} - \frac{2}{4} = \frac{1}{4}$$

usw.

Verfolgen wir das Verfahren bis zu n Serien zu je 4 Wurf, so erhalten wir als Standardabweichung der relativen Häufigkeiten

$$s = \sqrt{\frac{0 + 0 + \frac{1}{16} + \dots}{n}}.$$

Nimmt der Leser sodann Serien zu je 32 Wurf, wie in Kap. 8 weiter vorgeschlagen wurde, so wird er eine Standardabweichung finden, die wesentlich kleiner ist.

Auf ähnliche Weise kann jetzt die Standardabweichung der Meßwerte für unsere Sportplatzlänge bestimmt werden. Wir erhielten die Meßergebnisse 109,29 m, 109,18 m, 109,24, m, 109,23 m und 109,21 m. Das arithmetische Mittel ist

$$\bar{l} = \frac{109{,}29 + 109{,}18 + 109{,}24 + 109{,}23 + 109{,}21}{5}\, m = 109{,}23\,\text{m}.$$

Weiter sind

$$
\begin{array}{llr}
\delta_1 = 109{,}29 - 109{,}23 = & 0{,}06 & \delta_1^2 = 0{,}0036 \\
\delta_2 = 109{,}18 - 109{,}23 = & -0{,}05 & \delta_2^2 = 0{,}0025 \\
\delta_3 = 109{,}24 - 109{,}23 = & 0{,}01 & \delta_3^2 = 0{,}0001 \\
\delta_4 = 109{,}23 - 109{,}23 = & 0{,}00 & \delta_4^2 = 0{,}0000 \\
\delta_5 = 109{,}21 - 109{,}23 = & -0{,}02 & \delta_5^2 = 0{,}0004 \\
\hline
 & & [\delta^2] = 0{,}0066
\end{array}
$$

Die Standardabweichung ist

$$s = \sqrt{\frac{0{,}0066}{5}} = 0{,}036\,.$$

Das heißt: Die Standardabweichung (oder die mittlere quadratische Abweichung) hat einen Betrag von 0,036 m.

Ein kleiner Unterschied besteht noch, wenn wir die Streuungsermittlung bei unseren beiden letzten Beispielen vergleichen. Beim Münzenwurfbeispiel war uns der „wahre Mittelwert" (Grundwahrscheinlichkeit $= 1/2$) durch Betrachtungen a priori genau bekannt. Bei unserer Sportplatzaufgabe ist uns dagegen die wahre Länge des Platzes nicht bekannt. Wir benutzten statt ihrer den Mittelwert unserer n Einzelmessungen, der von der wirklichen Länge wahrscheinlich umso mehr abweichen wird, je kleiner die Anzahl n der Messungen ist. Für diesen letzteren Fall muß die Formel für die Standardabweichung etwas abgeändert werden. Sie muß lauten

$$s = \sqrt{\frac{[(x - \bar{x})^2]}{n - 1}}\,. \tag{16.2}$$

(Die genauere Begründung hierfür findet der interessierte Leser im Anhang. Er arbeite aber zuvor Kap. 17 durch.)

Wir sehen schon mit einem Blick auf die neue Formel, daß die mit ihr berechneten Streuungen zwar einen etwas größeren Wert annehmen, daß der Unterschied aber nur bei kleinem n merklich wird. Die Standardabweichung für die Sportplatzlänge ergibt sich mit der neuen Formel zu

$$s = \sqrt{\frac{0{,}0066}{4}} = \sqrt{0{,}00165} = 0{,}041\,,$$

d.h. 0,041 m.

17. Die Verbesserung der Meßgenauigkeit durch Wiederholung der Messung

Wir erhielten für die Standardabweichung bei der Sportplatzmessung einen Betrag von 0,041 m. Diesen Betrag bezeichneten wir auch als „mittlere quadratische Abweichung" der Einzelmessung von der wahren Länge des Platzes. Die Bezeichnung „quadratisch" soll hier nur etwas aussagen über die Art der Mittelbildung. Der Betrag von 0,041 m ist also eine mittlere Abweichung. Das heißt, daß ein Teil unserer Messungen einen höheren, ein anderer Teil einen niedrigeren Fehlerbetrag als 0,041 m hat. Wir können das auch so ausdrücken: Bei einer Einzelmessung des Platzes müssen wir mit einem mittleren Fehler — einer Standardabweichung – von 0,041 m rechnen.

Wir haben aber nun nicht nur eine Messung sondern 5 Messungen gemacht und das arithmetische Mittel dieser 5 Messungen gebildet. Es interessiert uns jetzt, mit welchem mittleren Fehler für dieses Mittel wir rechnen müssen. Der mittlere Fehler des Mittels von 5 Messungen wird, wie wir vermuten, kleiner sein als der mittlere Fehler einer Einzelmessung.

Um hierüber genauere Erkenntnisse zu gewinnen, folge jetzt der Leser aufmerksam meinem Gedankengang. Wir wollen einmal annehmen, daß der Messende statt der einfachen Länge des Platzes seine „Doppellänge" mißt, etwa indem er je eine Hin- und eine Rückmessung macht. Bei der „Hinmessung" ist sein mittlerer Meßfehler $s_a = 0{,}041$, bei der Rückmessung ebenfalls $s_b = 0{,}041$. Wie groß ist dann sein mittlerer Meßfehler für die „Doppellänge" des Platzes, die er findet, wenn er Hin- und Rückmessungsergebnis addiert? Der Leser gebe nicht vorschnell eine falsche Antwort, sondern denke weiter mit. Wir wollen jetzt annehmen, das Verfahren der Doppellängenmessung werde N-mal durchgeführt. Der Fehler a der Hinmessung addiert sich dann jeweils zu dem Fehler b der dazugehörigen Rückmessung, so daß die Fehler δ der Doppellängenmessungen sich ergeben zu

$$\delta_1 = a_1 + b_1, \quad \delta_2 = a_2 + b_2, \quad \delta_3 = a_3 + b_3, \quad \ldots \quad \delta_N = a_N + b_N\,.$$

Durch Quadrieren und Addieren dieser Gleichungen finden wir

$$\begin{aligned}\delta_1^2 + \delta_2^2 + \delta_3^2 + \ldots + \delta_N^2 = {} & (a_1^2 + a_2^2 + a_3^2 + \ldots + a_N^2) \\ & + (b_1^2 + b_2^2 + b_3^2 + \ldots + b_N^2) \\ & + 2(a_1 b_1 + a_2 b_2 + a_3 b_3 + \ldots + a_N b_N)\,. \qquad (17.1)\end{aligned}$$

Nun sind die Fehler a bzw. b teils positiv, teils negativ. Ihre Quadrate sind stets positiv. Deshalb haben die beiden ersten Klammern der rechten Seite von (17.1) positive Werte. Die dritte Klammer enthält als Summanden die Produkte der Fehler a der Hinmessung mit den Fehlern b der jeweils zugehörigen Rückmessung. Da die beiden Fehler völlig unabhängig von einander sind, werden die Produkte teils positiv teils negativ sein. Der wahrscheinliche Wert dieser Klammer ist 0. Nur dann, wenn zufällig die Fehler a und b für Hin- und Rückmessung recht oft gleiches Vorzeichen haben, hätte diese Klammer einen beträchtlichen positiven Wert. Dann jedoch, wenn a und b zufällig recht oft ungleiches Vorzeichen haben, hätte die Klammer einen beträchtlichen negativen Wert. Im allgemeinen wird jedenfalls ihr Wert, verglichen mit den Werten der beiden ersten Klammern, nicht ins Gewicht fallen. Wir können also – wenn wir gleichzeitig noch durch N dividieren – getrost schreiben

$$\frac{\delta_1^2+\delta_2^2+\delta_3^2+\ldots+\delta_N^2}{N}=\frac{a_1^2+a_2^2+a_3^2+\ldots+a_N^2}{N}+$$
$$+\frac{b_1^2+b_2^2+b_3^2+\ldots+b_N^2}{N}.$$

Diese Gleichung bedeutet, wenn wir mit s die Streuung der Doppellängenmessung bezeichnen, mit s_a die Streuung der Hinmessungen und mit s_b die Streuung der Rückmessungen, nichts anderes als

$$s^2=s_a^2+s_b^2. \tag{17.2}$$

Daraus folgt

$$s=\sqrt{s_a^2+s_b^2}$$

oder für unser Beispiel

$$s=\sqrt{2\cdot 0{,}041^2}=0{,}041\cdot\sqrt{2}\,.$$

Für die Doppellängenmessung ist also die mittlere quadratische Abweichung nicht doppelt so groß wie für die einfache Messung sondern nur $\sqrt{2}$-mal, d.h. 1,414-mal so groß. Will ich die einfache Länge des Platzes haben, so halbiere ich das Ergebnis der Doppellängenmessung. Dabei wird aber auch der mittlere quadratische Fehler halbiert. Bestimme ich also die Länge des Platzes durch Mittelung zweier Messungen, so muß ich mit einem mittleren quadratischen Fehler von

$$s_m=\frac{s}{2}=\frac{0{,}041\cdot\sqrt{2}}{2}=0{,}041\cdot 0{,}707=0{,}029$$

rechnen. Dieser Fehler ist – wie zu erwarten – kleiner als der mittlere Fehler einer Einzelmessung.

Wir können den Gedankengang leicht erweitern für eine Dreifach-, Vierfach- oder schliesslich n-fach-Messung. Die Gleichung (17.2) würde für eine n-fach-Messung der Länge lauten

$$s^2 = s_1^2 + s_2^2 + s_3^2 + \dots + s_n^2$$

Da die s-Werte der rechten Seite alle denselben Wert s_I für eine Einzelmessung haben, können wir schreiben

$$s^2 = n \cdot s_I^2$$

Es ist also der mittlere quadratische Fehler für die n-fache Platzlänge

$$s = \sqrt{n} \cdot s_I$$

Für die aus n Messungen durch Division mit n bestimmte einfache Platzlänge ist dann der mittlere Fehler des Mittels

$$s_m = \frac{s}{n} = \frac{\sqrt{n} \cdot s_I}{n},$$

also

$$\boxed{s_m = \frac{s_I}{\sqrt{n}}} \tag{17.3}$$

Dieses Ergebnis bedeutet, in Worte gefaßt: Der mittlere Fehler s_m des Mittels aus n Messungen einer Größe ist gleich dem mittleren Fehler s_I für die Einzelmessung, dividiert durch die Wurzel aus der Anzahl n der Messungen.

Dies ist ein für die praktische Meßtechnik sehr wichtiger Satz. Mache ich also 4 Messungen, so ist der zu erwartende mittlere Fehler des Mittels halb so groß wie der mittlere Fehler einer Einzelmessung; mache ich 100 Messungen, so ergibt sich ein mittlerer Fehler des Mittels von 1/10 des mittleren Fehlers der Einzelmessung.

Nun noch zu unserer Ausgangs-Aufgabe: Wie groß ist der mittlerere quadratische Fehler des Mittels unserer 5 Sportplatzmessungen?

Die Antwort: Die Standardabweichung, d.h. den mittleren quadratischen Fehler der Einzelmessung hatten wir schon berechnet zu $s_I = 0{,}041$. Dann ist der mittlere quadratische Fehler des Mittels der 5 Messungen

$$s_m = \frac{0{,}041}{\sqrt{5}} = \frac{0{,}041}{2{,}23} = 0{,}018 \approx 0{,}02\,.$$

Der Praktiker hat häufig die Gewohnheit, das Ergebnis einer Messung folgendermaßen anzugeben:
Die Platzlänge beträgt (109,23 $\pm$ 0,02) m.
Er fügt also dem gefundenen Mittelwert noch dessen mittleren quadratischen Fehler — dessen Standardabweichung — hinzu als Maß für die Genauigkeit der Messung. Der Zusatz $\pm 0{,}02$ gibt also nicht etwa die Grenzen an, innerhalb welcher der wahre Wert liegen muß.
Sollte eine Angabe darüber gefordert werden, wie groß der Bereich ist, innerhalb dessen mit 99,73 % Wahrscheinlichkeit der wahre Wert der Platzlänge liegt, so müßten nicht wie üblich die Grenzen $\pm s_m$ sondern $\pm 3\,s_m$ angegeben werden. Die $3s$-Grenzen entsprechen also unseren oben bereits erwähnten 3σ-Grenzen. Nur macht man zwischen den Bezeichnungen s und σ einen Unterschied. Mit s bezeichnet man die Standardabweichung einer Stichprobe und mit σ die Standardabweichung der Gesamtheit. Auf unser Bohnenbeispiel in Nr. 15 angewandt, wäre s die Standardabweichung für die ausgewählte Stichprobe von n Bohnen und σ wäre die Standardabweichung für die Gesamtheit aller Bohnen, aus denen man die Stichprobe entnommen hat. Dieses σ wäre also ein biologisches Maß, das zur Kennzeichnung unserer Bohnengesamtheit beiträgt. Je größer der Umfang unserer Stichprobe ist, desto mehr darf man damit rechnen, daß s und σ sich nur unbedeutend unterscheiden.

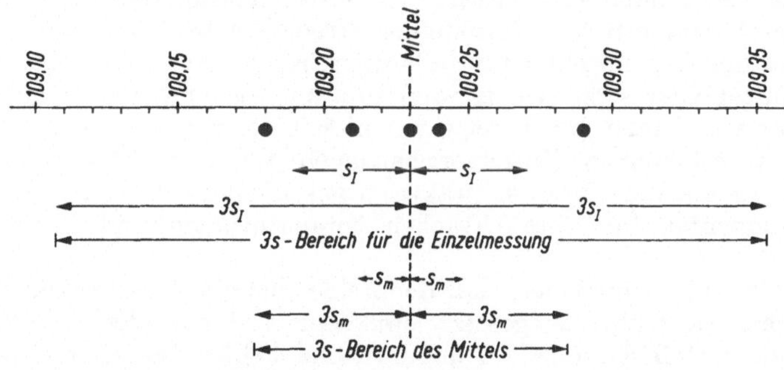

Abb. 9. Standardabweichungen und $3s$-Bereiche

Der Leser wird sich jetzt übrigens denken können, wie der „krumme" Wert von 99,73% zustande gekommen ist. Man hat zunächst den 3σ-Bereich als Norm angesetzt und nachträglich berechnet, daß ihm eine Wahrscheinlichkeit von 99,73 % entspricht (siehe Anh. 2).
In Abb. 9 sind unter einer Längenskala, die von 109,10 m bis etwa 109,40 m reicht, oben 5 Punkte markiert, die den 5 gemessenen Längen entsprechen. Das arithmetische Mittel der Meßwerte ist durch eine

vertikale gestrichelte Linie angegeben. Darunter ist die Standardabweichung s_I der Einzelmessungen vom Mittelwert aus nach rechts und links eingetragen. Hierunter wieder findet man den $3s$-Bereich für 99,73 % der Einzelmessungen. Als nächstes folgt die Angabe des mittleren Fehlers s_m des Mittels der 5 Messungen und darunter wieder der $3s$-Bereich für dieses Mittel. Würde man jetzt bei gleichbleibender Meßgenauigkeit die Anzahl der Einzelmessungen erhöhen, so bliebe s_I und der $3s$-Bereich für die Einzelmessungen derselbe, jedoch s_m und der $3s$-Bereich für das Mittel würden kleiner werden. Die letzteren Werte sind umgekehrt proportional der Wurzel aus der Anzahl der Messungen.

18. Das Gaußsche Verteilungsgesetz

Als wir uns in Kap. 13 über die Verteilung der Fehler bei unserer Sportplatzmessung klar wurden, haben wir sehr einfache Voraussetzungen über Art und Größe der Einzelfehler gemacht. Die Folge davon war, daß als Gesamtfehler nur ganz bestimmte Werte (0, 2, 4 cm usw.) auftreten. In Wirklichkeit liegen, wie bereits erwähnt, die Dinge etwas komplizierter. Erstens sind die Fehlerquellen viel mannigfaltigerer Art, als es unserer Voraussetzung entspricht (es handelt sich also im allgemeinen um viel mehr als 10 einzelne Fehlermöglichkeiten) und zweitens — und dies ist das Entscheidende — haben die Einzelfehler nicht, wie wir annahmen, einen ganz bestimmten festen Betrag (bei unserem Beispiel 1 cm), sondern die Einzelfehler streuen selbst in ähnlicher Weise, wie es der Gesamtfehler tut (allerdings in geringerem Ausmaß). Denn der Einzelfehler setzt sich ja wiederum aus vielen verschiedenen Komponenten zusammen. Der Leser versuche sich das unter Berücksichtigung der verschiedenen Einzelverrichtungen für einen Meßbandwechsel klar zu machen. Man ist praktisch gar nicht in der Lage, die vielen Komponenten und ihre Ursachen herauszufinden und einzeln anzugeben.

Wir wollen also jetzt annehmen, daß der Fehler bei einer Teilstreckenmessung nicht, wie früher festgesetzt, entweder + 1 cm oder −1 cm beträgt, sondern daß der mittlere quadratische Fehler bei einer Teilstreckenmessung 1 cm ist. Dann wird die Verteilung der Meßfehler für die Messung der Gesamtlänge des Sportplatzes im ganzen so bleiben, wie wir sie in Kap. 13 ermittelt und in Abb. 6 dargestellt haben, nur wird die Verteilung insofern etwas mehr aufgelockert sein, als nicht mehr nur diskrete Fehlermöglichkeiten bestehen. Wir vermuten, daß es statt einzelner Wahrscheinlichkeitswerte für diskrete Fehlerbeträge eine kontinuierliche Wahrscheinlichkeitsfunktion gibt, die uns die Wahrscheinlichkeit für einen Fehler bestimmter Grösse angibt. Eine solche Wahrscheinlichkeitsfunktion $y = \varphi(x)$ wird durch eine etwa glockenförmige Kurve (Abb. 10) dargestellt werden können. Hierin soll x die Größe des Fehlers bedeuten.

Dabei soll die Kurve folgendermaßen definiert sein: Die Wahrscheinlichkeit, daß der Fehler zwischen x_1 und x_2 liegt, wird dargestellt durch die Größe des unter der Kurve befindlichen Flächenstücks zwischen den Abszissen x_1 und x_2. Da die Wahrscheinlichkeit, daß irgendein Fehler auftritt, gleich 1 ist, muß die gesamte Fläche zwischen Kurve

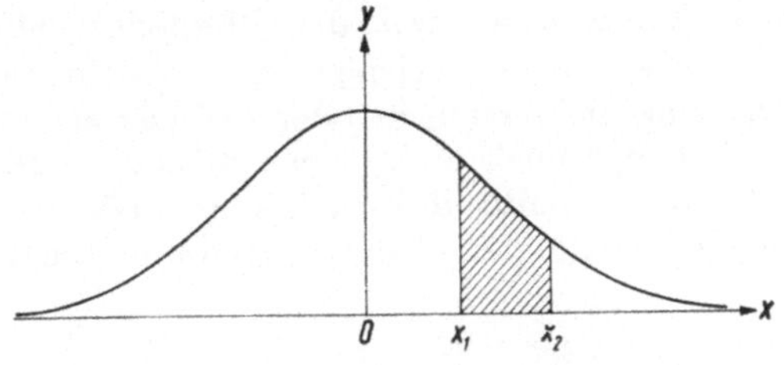

Abb. 10
Gaußsche Kurve

und x-Achse die Größe 1 haben. Je nach der Größe der Streuung der betreffenden Messung wird es also verschiedene Kurven geben. Die steile Glockenkurve I in Abb. 11 gibt die Fehlerwahrscheinlichkeiten für eine Messung mit hoher Genauigkeit an, die Kurve II für eine Messung mit geringerer Genauigkeit, also größerer Meßstreuung. Die Gesamtfläche unter beiden Kurven hat je den Betrag 1.

Als Gleichung einer solchen Kurve hat man die Beziehung

$$y = \frac{1}{\sqrt{2\pi}\,\sigma} \cdot e^{-\frac{x^2}{2\sigma^2}} \tag{18.1}$$

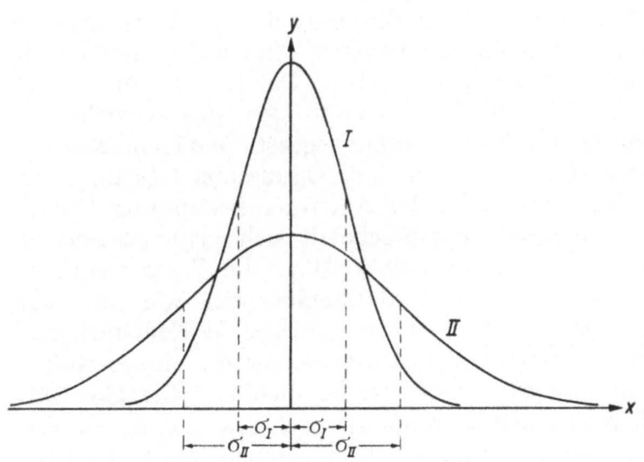

Abb. 11
Gaußsche Kurven für verschieden große Streuung

gefunden. Hierin bedeuten $e = 2,718 \ldots$ und $\pi = 3,14 \ldots$ allgemeine Konstanten und σ die Standardabweichung der Fehler-Größe x. Die Gleichung (18.1) stellt das Gaußsche Fehlergesetz oder besser das *Gaußsche Verteilungsgesetz* dar, da wir ja nicht nur von Meßfehlerstreuungen, sondern auch von Streuungen natürlicher oder technischer Größen sprechen.
Wer die mathematische Herleitung der Formel (18.1) kennenlernen will, der sei auf den Anhang verwiesen (Anh. 2). Das Verständnis dieser Herleitung setzt einige Vertrautheit mit den Methoden der Infinitesimalrechnung voraus. Aber auch derjenige Leser, dem es nicht möglich ist, diese Herleitung zu verstehen, oder der das etwas mühsame Durcharbeiten des Anhangs noch aufschieben möchte, wird mit Gewinn zunächst die weiteren Abschnitte des Buches lesen können. Ja, der Verfasser möchte eine solche Reihenfolge des Studiums sogar empfehlen.

19. Schiefe Verteilungen

Wir hatten uns theoretisch klargemacht, daß die Fehlerverteilung bei der Sportplatzmessung der Verteilung der Binomialkoeffizienten bzw. im Grenzfall der Gaußschen Verteilung entsprechen muß. Auch für Größenstreuungen in Natur und Technik wird die Gaußsche Verteilung sehr oft, wir können vielleicht sogar sagen – *meist* – zutreffen. Daß die Gaußsche Verteilung gar nicht für jede streuende Größe erfüllt sein kann, können wir uns leicht klarmachen. Von einem Dreher seien in Serie Wellen für eine bestimmte Maschine hergestellt worden. Wir wollen für jede Welle das Gewicht bestimmen. Das Gewicht wird in bestimmter Weise streuen, vielleicht nach dem Gaußschen Gesetz. Wir hätten hier aber statt der Streuung des Gewichts auch die Streuung des Wellendurchmessers untersuchen können. Vielleicht hätte sich dabei eine Gaußsche Verteilung ergeben. Das eine ist uns jedenfalls klar: Es ist nicht möglich, daß beide Größen, das Gewicht *und* der Durchmesser dem Gaußschen Verteilungsgesetz genügen. Nehmen wir an, der Durchmesser streue nach dem Gaußschen Gesetz. Dann werden die Wahrscheinlichkeiten für das Auftreten bestimmter Durchmesser, dem Gaußschen Gesetz entsprechend, sich symmetrisch um einen mittleren Durchmesser d_m verteilen. D.h., die Wahrscheinlichkeit für einen Durchmesser $d_m + a$ wird dieselbe sein, wie für einen Durchmesser $d_m - a$. Das Gewicht ist bei gleicher Wellenlänge proportional dem Querschnitt. Das dem Durchmesser d_m entsprechende Gewicht G_m ist das mit der größten Wahrscheinlichkeit. Die Gewichte G_+ und G_- der Wellen mit den Durchmessern $d_m + a$ und $d_m - a$ sind nach unseren obigen Voraussetzungen gleichwahrscheinlich. Der Gewichtsüberschuß der um den Betrag a dickeren Welle ist aber größer als der Gewichtsfehlbetrag der um a dünneren Welle, wie jeder leicht nachrechnen kann. Die Gewichtsverteilungskurve kann also nicht symmetrisch sein. Sie ist also keine Gaußsche Kurve. Sie ist gegenüber der Gaußschen Kurve verzerrt in dem Sinne, wie es die Abb. 12 angibt.

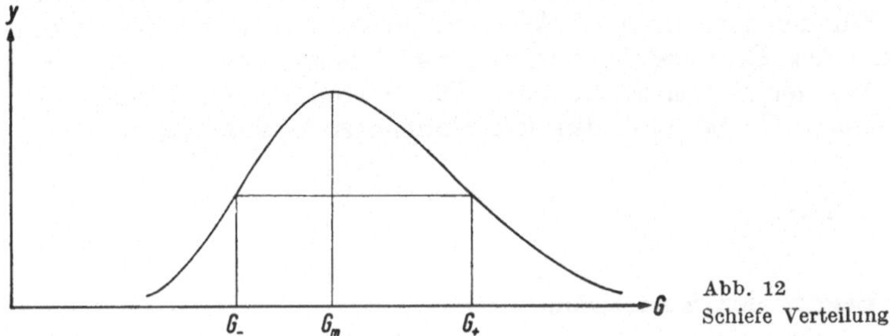

Abb. 12
Schiefe Verteilung

Durch eine einfache Koordinatentransformation — indem man statt G auf der Abszissenachse $\sqrt{G}$ aufträgt — könnte man hier die Gaußsche Kurve leicht „wiederherstellen", denn $\sqrt{G}$ ist ja proportional zu d. Solche Koordinatentransformationen („Merkmalstransformationen") werden häufig benutzt, um aus „schiefen" Verteilungen Gaußsche Verteilungen herzustellen. Insbesondere trägt man häufig statt der tatsächlich beobachteten Veränderlichen ihren Logarithmus auf. Das wird sehr oft dann von Erfolg sein, wenn die Streuung einer Größe im Verhältnis zu ihrem eigenen Durchschnittsbetrag recht groß ist. Wollen wir z.B. die Streuung des Gewichts erwachsener Männer erfassen, so werden wir vielleicht ein Durchschnittsgewicht von 75 kg finden. Es gibt nun auch Männer von 150 kg Gewicht, wenn auch verhältnismäßig wenige. Das dazu in Bezug auf das Durchschnittsgewicht symmetrische Gewicht wäre 0 kg. Da es Männer dieser letzteren Gewichtsklasse nicht gibt, ist die symmetrische Verteilung offensichtlich gestört. Benutzt man hier statt des Gewichts seinen Logarithmus, so wird die Gaußsche Verteilung besser erfüllt sein.

Daß bei biologischen Verteilungen gerade der *Logarithmus* einer Größe oft der Gaußschen Verteilung folgt, kann damit erklärt werden, daß die einzelnen maßgebenden Einflüsse als *Faktoren* — auch im mathematischen Sinne des Wortes — auftreten und nicht als Summanden, wie bei unserer Sportplatzmessung. Im letzteren Fall addierten sich die Einzelfehler offensichtlich. Im biologischen Fall ist es anders. Versucht man z.B. zwei Menschen eine Zeitlang durch Nahrungsentzug zu erleichtern, so wird der 100 kg schwere vielleicht um 5 kg abnehmen, der 50 kg schwere dagegen nur um 2,5 kg. Der Nahrungsentzug wirkt sich also als Faktor aus, indem er jeden der beiden Beteiligten auf 95% seines Gewichts bringt. Wirken nun viele andere gewichtsbeeinflussende Faktoren zusammen, so muß das ursprüngliche Gewicht der Versuchsperson mit sämtlichen in Frage kommenden Faktoren multipliziert werden. Rechnet man logarithmisch, so bedeutet das, daß sämtliche Logarithmen der einzelnen Faktoren addiert werden müssen. Für den logarithmisch Arbeitenden stellt sich also das Zusammenwirken der Einflüsse so dar, wie das Zusammenwirken der Einzelfehler bei der Sportplatzmessung. Die Verteilung der Logarithmen der streuenden Größe wird also dem Gaußschen Gesetz folgen.

B. Korrelationen

20. Der Begriff der Korrelation

In Kap. 15 sprachen wir von der Streuung der Länge von Bohnen gleicher Sorte und Ernte. Wir dachten uns die Bohnen nach Längenklassen sortiert und vermuteten, daß die Verteilung der Bohnen wohl einen ähnlichen Charakter hat, wie die Verteilung der Kugeln in den Fächern des Galtonschen Zufallsapparates. Es wird eine ganz bestimmte Bohnenlänge geben, die man als mittlere Länge (l_m) ansprechen muß. Weiter wird eine ganz bestimmte Standardabweichung (s) der Bohnenlänge bestimmt werden können. Diese beiden Maße (zu denen evtl. noch ein geeignetes Maß für die Schiefe der Verteilung kommen könnte) sind charakteristisch für die betreffende Verteilung. Ist nun die Güte des Bodens und der Düngungszustand an jeder Stelle des Bohnenfeldes gleich, so wird eine Bohnenprobe von einer bestimmten Stelle des Feldes dieselben Verteilungsmaße (l_m und s) ergeben wie von irgendeiner anderen Stelle. Die von einer bestimmten Stelle entnommene Bohnenprobe bildet ein Teilkollektiv, das das Gesamtkollektiv aller Bohnen des Feldes repräsentiert. Ist der Boden aber nicht von gleichmäßigem Zustand, hat man ihn etwa durch verschiedene Düngung ungleich gemacht, dann werden die Probenergebnisse für die verschiedenen Probestellen auch verschieden ausfallen. Nehmen wir an, das Feld sei etwa in zehn Streifen geteilt worden. Der erste Streifen sei ungedüngt geblieben, im zweiten seien ganz geringe Düngermengen gestreut worden, im dritten etwas mehr usw., schließlich im zehnten am meisten. Wird nun aus jedem Streifen eine Ernteprobe entnommen, so werden diese Proben verschieden ausfallen. Gewiß wird es im ersten wie auch im zehnten Streifen sowohl sehr kurze als auch sehr lange Bohnen geben. Aber die Verteilungen werden verschieden sein. Insbesondere wird die mittlere Bohnenlänge im ersten Streifen kleiner sein als im zehnten. Es besteht eine gegenseitige Beziehung zwischen Bohnenlänge und Düngungsintensität, die man als *Korrelation* bezeichnet. Diese letztere Beziehung ist wesentlich komplizierter und schwerer zu erfassen als eine gewöhnliche funktionale Beziehung, wie sie etwa dem Physiker begegnet, wenn er die Beziehung zwischen Spannung und Stromstärke in einem Stromkreis ermittelt. Dem Physiker gelingt es hier, wie schon früher erwähnt, sehr leicht und gut, alle irgendwie ins Gewicht fallenden Nebeneinflüsse im Experiment auszuschalten. Er ändert nur seine Spannung und mißt die erzielte Stromstärke. Der Agrar-Biologe hat eine solche Möglichkeit nicht. Er kann die Nebeneinflüsse nicht im Experiment beseitigen. Er muß deshalb seine Beobachtungen auf eine so große Masse von Elementen ausdehnen, daß er nach den Regeln der Wahrscheinlichkeitsrechnung annehmen darf, daß Zufälligkeiten sein Resultat nicht wesentlich gefälscht haben. Er wird also hier etwa die Abhängigkeit der *mittleren* Bohnengröße von der Düngungsintensität untersuchen. Im Gegensatz zur *funktionalen* Abhängigkeit, wie sie zwischen Spannung und Stromstärke in einem Stromkreis besteht, bezeichnet man eine Gebundenheit wie die zwischen Bohnenlänge und Düngungsintensität auch als *stochastische* Abhängigkeit.

Ein weiteres Beispiel sei zur Begriffsklärung angeführt. Die für einen bestimmten Wohnbereich ermittelten Körpergewichte aller 18-jährigen Männer genügen einem bestimmten Verteilungsgesetz. Suche ich mir aus der Gesamtmenge jetzt alle Männer heraus, die gerade am Monatsersten geboren sind, so wird die Gewichtsverteilung bei diesem Teilkollektiv vermutlich die gleiche sein, wie bei dem Gesamtkollektiv. Dasselbe gilt für die am Monatszweiten Geborenen usw. Die Teilkollektive repräsentieren sämtlich das Gesamtkollektiv. Die Bildung dieser Teilkollektive ist nämlich dem Zufall überlassen worden. Das bedeutet nach unserer Definition des relativen Zufalls: Zwischen Geburtsdatum und Körpergewicht besteht kein kausaler Zusammenhang. Wollten wir eine solche Untersuchung wirklich durchführen, so würde sich als Ergebnis herausstellen, daß eine gesetzmäßige Beziehung zwischen Geburtsdatum und Körpergewicht nicht zu erkennen ist. Es besteht — wie man sagt — zwischen Geburtsdatum und Körpergewicht keine Korrelation. Gruppieren wir nun aber unsere Männer nicht nach dem Geburtsdatum, sondern nach ihrer Körpergröße, so ergibt sich ein ganz anderes Bild. Im ganzen gesehen werden die Männer größerer Körperlänge auch höheres Körpergewicht haben. Es besteht eine ziemlich hohe Korrelation zwischen Körpergröße und Gewicht. Es besteht aber eben kein strenger funktionaler Zusammenhang. Zwei gleichgroße Männer werden ja selten auch gerade das gleiche

Gewicht haben, und der kleinere von zwei Männern kann durchaus auch einmal der schwerere sein. Gruppieren wir unsere Männer nach Größen- und Gewichtsklassen, so erhalten wir Besetzungszahlen für diese Klassen, wie sie die folgende Tabelle für 430 Rekruten des Oberamts Eßlingen zeigt[1]). Die Tabelle ist hier — ganz gegen den sonstigen Brauch — so angeordnet, daß ihre Eingänge sich am linken und am *unteren* Rand befinden. Dies ist hier deshalb geschehen, weil die Tabelle dann räumlich leicht dem daraus entwickelten Diagramm (Abb. 13) zugeordnet werden kann. Die Eingänge liegen so wie die Achsen des Diagramms.

									Zeilensumme
87,5 - 92,5	—	—	—	—	—	1	1,5	0,5	3
82,5 - 87,5	—	—	—	—	1	2	1,5	0,5	5
77,5 - 82,5	—	—	1	—	1,5	1,5	1	1	6
72,5 - 77,5	—	—	—	3	4,5	2,5	—	—	10
67,5 - 72,5	—	—	1	6	11	5,5	4,5	—	28
62,5 - 67,5	—	3	18	39	32,5	11,5	6,5	—	110,5
57,5 - 62,5	3	10	31,5	52,5	25,5	8	2,5	1	134
52,5 - 57,5	2,5	23	23	26	12,5	1,5	0,5	—	89
47,5 - 52,5	9,5	16,5	15,5	3	—	—	—	—	44,5
G[kg] / l [cm]	156 bis 160	160 164	164 168	168 172	172 176	176 180	180 184	184 188	
Spaltensumme	15	52,5	90	129,5	88,5	33,5	18	3	430

Gewicht (G) und Körpergröße (l) von 18-jährigen Rekruten.
(Rekruten deren Größe oder Gewicht mit den Klassengrenzen zusammenfiel, wurden je zur Hälfte den beiden Nachbarklassen zugezählt.)

Man sieht schon an der Tabelle, daß die Belegungszahlen sich etwa um die eine Diagonale häufen, während die linke obere Ecke, wo die „kleinen schweren" und die rechte untere Ecke, wo die „großen leichten" Männer stehen müßten, verhältnismäßig leer sind. Die Abb. 13 Zeigt die Verteilung noch etwas übersichtlicher. Es entspricht dort jeder Klasse eine schwarze Kreisfläche, deren Größe der Belegungszahl proportional ist.

Wer eine Beziehung zwischen Körpergröße und Gewicht sucht, wird am besten aus der Tabelle zu jeder Größenklasse das arithmetische Mittel der Gewichte bestimmen und dieses dann über der jeweiligen

[1]) Aus *Gebelein*, Zahl und Wirklichkeit. Leipzig 1943 S. 332.

Größe auftragen. Auf diese Weise ist die gestrichelte Linie in Abb. 13 entstanden, die wir als Regressionslinie bezeichnen wollen. Man könnte diese Linie unter Ausgleichung der kleinen Zufallsschwankungen gut durch eine „Regressionsgerade" ersetzen. Man wird an dieser Regressionsgeraden etwa ablesen können, daß einem Unterschied von 20 cm in der Körpergröße ein durchschnittlicher Unterschied von 15 kg im Gewicht entspricht. Hätten wir jedoch umgekehrt zu jeder Gewichtsklasse das arithmetische Mittel der Körpergröße gebildet, so hätten

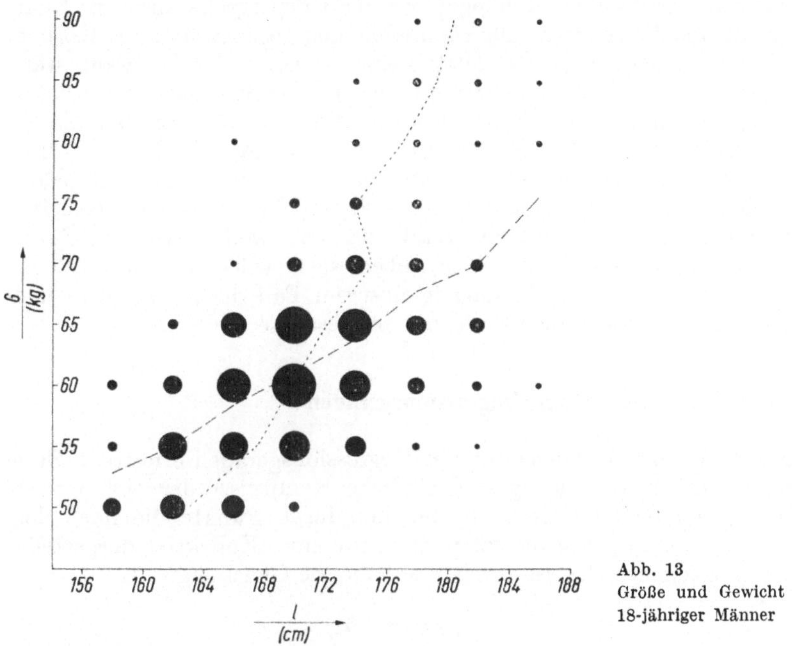

Abb. 13
Größe und Gewicht
18-jähriger Männer

wir die in Abb. 13 punktiert eingezeichnete Linie erhalten, die somit die zweite Möglichkeit einer Regressionslinie darstellt. Auch diese können wir durch eine ausgleichende Regressionsgerade ersetzen. Diese zweite Regressionsgerade weicht offensichtlich von der ersten erheblich ab. Sie ist steiler. Hier entspricht einem Unterchied von 40 kg im Gewicht ein durchschnittlicher Unterschied von 20 cm in der Körpergröße. Auf den ersten Blick mag das recht paradox erscheinen. Der Leser betrachte sich aber die Abb. 13 genauer und er wird durch Augenmaß feststellen können, daß die beiden Regressionslinien richtig eingezeichnet worden sind. Die eben festgestellte merkwürdige

Zwiespältigkeit ist eine ganz allgemein zu beobachtende Erscheinung, wenn wir den Zusammenhang zweier Größen betrachten, zwischen denen nicht ein streng funktionaler Zusammenhang besteht, sondern nur eine verhältnismäßig lockere Korrelation.
Für uns erhebt sich jetzt die Frage, welche der beiden Regressionsgeraden denn die „richtige" oder — da sie wohl beide richtig sind — die *zweckmäßigere* sei. Oft werden beide Geraden durchaus gleichberechtigt sein. Es kommt nur darauf an, von welchem Standpunkt aus man das Ganze betrachtet. Wir könnten in unserem Fall das Körpergewicht als stochastisch abhängig von der Körpergröße ansehen. Dann erscheint uns die Körpergröße als unabhängig gegeben und das Körpergewicht als eine um gewisse Mittelwerte streuende Größe. Dann wäre die gestrichelte Regressionslinie die für uns maßgebende. Betrachten wir dagegen das Gewicht als gegeben und die Körpergröße, die zu einem bestimmten Gewicht gehört, als streuende Größe, so würde die punktierte Linie uns als zweckmäßiger erscheinen. Da aber jedem Menschen seine Körpergröße als unabänderliches Merkmal erscheint, während er sein Gewicht innerhalb ziemlich weiter Grenzen durch entsprechendes Einrichten seiner Lebensweise willkürlich beeinflussen kann, ist die erstere Auffassung in unserem Fall die natürlichere und die gestrichelte Regressionslinie die interessantere.

21. Die Bestimmung der Regressionsgeraden

Wir wollen jetzt die Gleichung der Regressionsgeraden ermitteln. Zum Verständnis der Herleitung sind einfache Kenntnisse der Differentialrechnung ausreichend. In Abb. 14 sind durch Punkte die nach den Merkmalen x und y angeordneten Elemente eines Kollektivs dargestellt. Die eingezeichnete Regressionsgerade habe die Gleichung

$$y = ax + b\,.$$

Es handelt sich für uns lediglich noch darum, die beiden Konstanten a und b zu bestimmen. Sie sollen so gewählt werden, daß die Summe aller Abweichungs-Quadrate

$$v_1^2 + v_2^2 + \dots + v_n^2 = [v^2]$$

ein Minimum wird. (Das Gaußsche Summensymbol auf der rechten Seite ist uns bereits bekannt. Gauß hat die im folgenden dargestellte Methode geschaffen. Sie wird als „Methode der kleinsten Quadrate" bezeichnet.)
Diese Abweichungen v der Punkte von der Regressionsgeraden sind

$$v_1 = y_1 - (ax_1 + b)$$
$$v_2 = y_2 - (ax_2 + b)$$
$$\vdots$$
$$v_n = y_n - (ax_n + b)\,.$$

Quadrieren und addieren wir diese Gleichungen, so ergibt sich

$$[v^2] = [y^2] - 2a[yx] - 2b[y] + a^2[x^2] + 2ab[x] + nb^2\,.$$

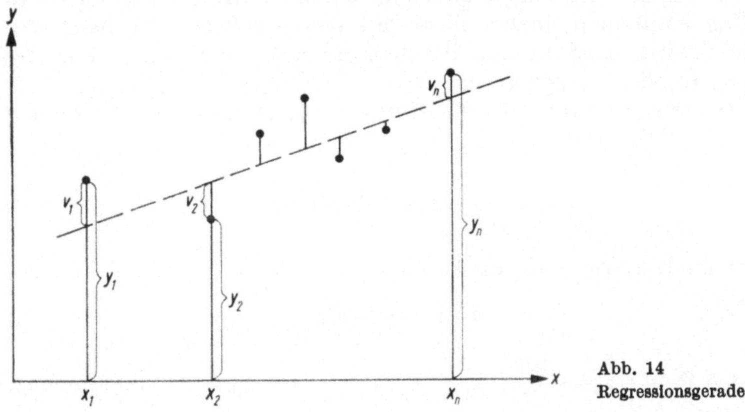

Abb. 14
Regressionsgerade

Nehmen wir nun an, wir hätten das richtige a und das richtige b gefunden, dann müßte hierfür nach Voraussetzung $[v^2]$ ein Minimum sein, d.h. es müssen dann sowohl $\frac{\partial[v^2]}{\partial a}$ als auch $\frac{\partial[v^2]}{\partial b}$ gleich Null werden. (Das „partielle" Differentiationssymbol ∂ anstelle von d soll lediglich bedeuten, daß jeweils nur nach dem einen veränderlichen Parameter a bzw. b differenziert und der andere unterdessen als konstant betrachtet werden soll.)
Wir können also schreiben

$$\frac{\partial[v^2]}{\partial a} = -2[xy] + 2a[x^2] + 2b[x] = 0$$
$$\frac{\partial[v^2]}{\partial b} = -2[y] + 2a[x] + 2nb = 0\,. \qquad (21.1)$$

Aus diesem Gleichungssystem finden wir für die gesuchten Konstanten

$$a = \frac{n[xy] - [x][y]}{n[x^2] - [x][x]}\,; \qquad b = \frac{[x^2][y] - [xy][x]}{n[x^2] - [x][x]}\,. \qquad (21.2)$$

Der Leser kann sich nunmehr die Regressionsgerade für die Beziehung Körpergröße – mittleres Gewicht bestimmen. Anstelle von x tritt hier die Körpergröße l und anstelle von y das Körpergewicht G. Vereinfachend wirkt sich hierbei der Umstand aus, daß zu einer Klasse meist eine größere Anzahl von Elementen gehört, daß also bei den Summenbildungen nicht 430 verschiedene Summanden auftreten, sondern nur so viele, wie Klassen gebildet wurden. Die Belegungszahl der Klasse tritt natürlich als Faktor in diesen Summanden auf. Zur weiteren Erleichterung des Rechengeschäftes wird eine einfache Merkmalstransformation empfohlen, indem nicht mit den wirklichen Körpergrößen gerechnet wird, sondern mit Klassennummern (1, 2, 3 ...). Dasselbe geschieht bei den Körpergewichten.
Dividieren wir die zweite der Gleichungen (21.1) durch $2n$, so erhalten wir

$$a\frac{[x]}{n}+b-\frac{[y]}{n}=0\,.$$

Hieraus ersehen wir, daß die Regressionsgerade

$$ax+b-y=0$$

durch den Punkt $x_0=\frac{[x]}{n}$, $y_0=\frac{[y]}{n}$ geht. Das ist der Punkt, dessen Koordinaten das arithmetische Mittel der Koordinaten der Einzelpunkte sind. Man nennt ihn auch den „Schwerpunkt" des Punktsystems.
Legen wir den Ursprung unseres Koordinatensystems von vornherein in diesen Punkt, so vereinfachen sich die Rechnungen stark. Dann ist nämlich sowohl $[x]=0$ als auch $[y]=0$, denn die Schwerpunktskoordinaten $\frac{[x]}{n}$ und $\frac{[y]}{n}$ sind in diesem Fall je gleich 0. Dann ergibt sich aus (21.2) einfach

$$a=\frac{[xy]}{[x^2]}\,;\qquad b=0\,. \tag{21.3}$$

22. Ein Maß für die Größe der Korrelation

In Abb. 15 a bis c sind für vier verschiedene Kollektive Streuungsbilder entsprechend der Abb. 13 gezeichnet.
In Abb. 15 a ist keinerlei Korrelation zwischen den Merkmalen A und B zu erkennen. Der Durchschnittswert von B hängt nicht von A

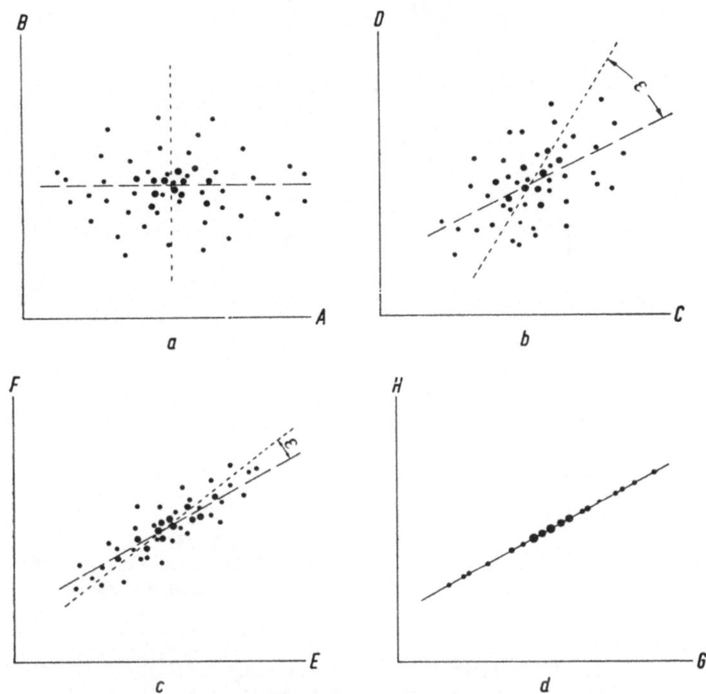

Abb. 15. Verschieden stramme Korrelation

ab und der Durchschnittswert von A ändert sich nicht mit B. Die beiden Regressionsgeraden laufen parallel zu den Achsen und stehen also senkrecht aufeinander. In Bild b ist eine Korrelation schon deutlich zu bemerken. Die beiden Regressionsgeraden bilden einen spitzen Winkel ε miteinander. In Bild c ist die Korrelation noch wesentlich „straffer". Der Winkel ε zwischen den beiden Regressionsgeraden ist ziemlich klein. Schließlich ist im Bild d die Korrelation „vollkommen". Die Größe H hängt *nur* von G ab. Die beiden Regressionsgeraden fallen in *eine* zusammen. Der Winkel zwischen ihnen ist Null. Wir haben es mit dem Grenzfall der funktionalen – hier der linearen – Abhängigkeit zu tun.

Wir wollen jetzt annehmen, wir hätten ein Kollektiv, dessen Merkmalsmaßzahlen auf das arithmetische Mittel aller Werte bezogen seien. (Der Ursprung liege also im Schwerpunkt; siehe Abb. 16.)

Dann ist für die gestrichelte Regressionsgerade

$$a = \frac{[xy]}{[x^2]} = \tan\alpha$$

(s. Abb. 16.) Analog ist für die punktierte Regressionsgerade

$$a' = \frac{[xy]}{[y^2]} = \tan\alpha'.$$

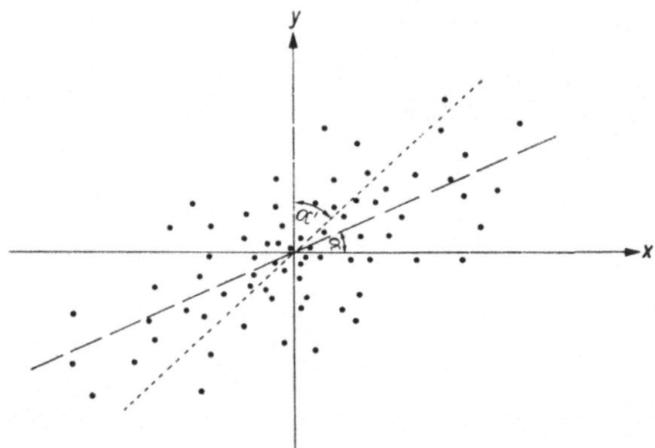

Abb. 16
Zur Herleitung des Korrelationskoeffizienten

Weiter ist

$$\sqrt{a \cdot a'} = \frac{[xy]}{\sqrt{[x^2][y^2]}} = \sqrt{\tan\alpha \cdot \tan\alpha'} = r.$$

Diese Größe r bezeichnet man als den Bravaisschen Korrelationskoeffizienten. Sind α und α' zusammen gleich 90°, verschwindet also der Zwischenwinkel ε, so ist $r = \sqrt{\tan\alpha \cdot \tan(90° - \alpha)} = 1$. Ist $\alpha' < 90° - \alpha$, so ist auch $\tan\alpha' < \tan(90° - \alpha)$ und es wird $r < 1$. Mit geringer werdender Korrelation wird r also kleiner. Im Falle der Abb. 15a, wo $a = a' = 0$ werden, wo – wie oben festgestellt – „keine Korrelation" besteht, ist der Korrelationskoeffizient $r = 0$. Wir haben also in dem Korrelationskoeffizienten

$$r = \frac{[xy]}{\sqrt{[x^2][y^2]}} \tag{22.1}$$

offensichtlich ein geeignetes Maß für die Straffheit der Korrelation. (Eine zweite noch anschaulichere Herleitung für r werden wir in Kap. 23 noch kennenlernen.)

Natürlich kann r bei Gelegenheit auch negativ sein; nämlich wenn der Zähler in (22.1) negativ ist. Das ist dann der Fall, wenn einem positiven x vorzugsweise ein negatives y entspricht und umgekehrt, wenn also mit wachsendem x der Durchschnittsbetrag von y abnimmt (Abb. 17). Als praktisches Beispiel sei etwa der Zusammenhang zwischen den Einwohnerzahlen von Gemeinden und ihrem relativen Geburtenüberschuß genannt.

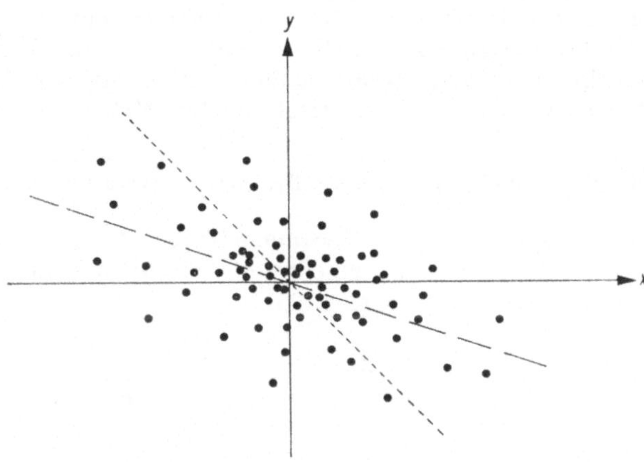

Abb. 17
Negative Korrelation

Da die Winkel α und α' unabhängig von der Lage des Koordinatenursprungs sind, kann r auch direkt berechnet werden, ohne daß der Schwerpunkt vorher bestimmt wird. Es ist dann unter Berücksichtigung von (21.2) und analoger Vertauschung von x und y

$$r = \sqrt{a \cdot a'} = \frac{n[xy] - [x][y]}{\sqrt{(n[x^2] - [x][x])(n[y^2] - [y][y])}}.$$

Auch die Multiplikation der Maßzahlen mit einem konstanten Maßstabsfaktor (bei Verwendung einer neuen Maßeinheit) hat, wie man aus den Formeln für r erkennt, keinen Einfluß auf dessen Wert. Lediglich gegenüber nichtlinearen Merkmalstransformationen – etwa wenn man statt des Gewichts den Logarithmus des Gewichts einführen wollte – ist der Korrelationskoeffizient nicht invariant. So selten derartige Transformationen wirklich angewandt werden, so ergeben sich doch aus dieser letzteren Tatsache gewisse Grenzen für die Schlüsse, die man aus der Größe des Korrelationskoeffizienten ziehen kann.
Bei der Anwendung des Bravaisschen Korrelationskoeffizienten hatten wir einen linearen Zusammenhang zwischen den Merkmalsreihen x und y vorausgesetzt. Solange x und y nur zufallsbedingt sind, wird man meist mit dieser Voraussetzung auskommen. Wir wollen deshalb

hier auf eine Erweiterung der Theorie für nichtlineare Zusammenhänge verzichten (obwohl der Leser unser Verfahren der Methode der kleinsten Quadrate ohne weiteres auf Näherungsparabeln zweiter oder höherer Ordnung erweitern könnte).
Ebensowenig soll hier die Korrelation zwischen mehr als zwei Merkmalsreihen behandelt werden.
Die Korrelationstheorie hat eine große Bedeutung vor allem für biologische Forschungen. Schon Galton hat z.B. Untersuchungen angestellt über den Zusammenhang zwischen der Körpergröße eines Menschen und der Körpergröße seiner Eltern.

23. Eine zweite Herleitung für den Korrelationskoeffizienten

Damit dem Leser die Zusammenhänge möglichst klar und anschaulich werden, sei noch eine zweite Herleitung für den Korrelationskoeffizienten r angefügt.

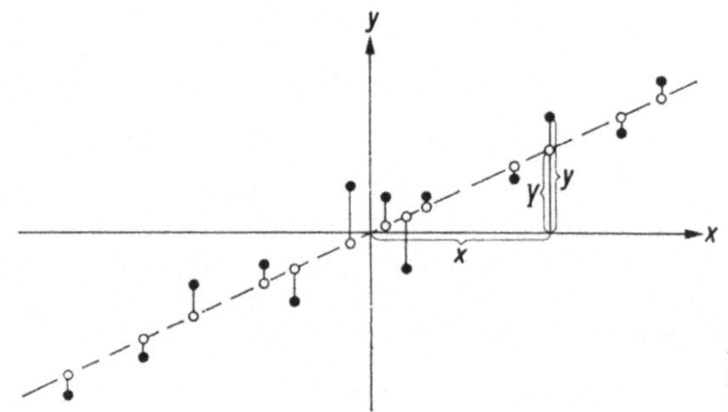

Abb. 18.
Zur zweiten Herleitung des Korrelationskoeffizienten

In dem Streuungsbild Abb. 18 soll der Schwerpunkt des Systems der n als schwarze Vollkreise dargestellten Punkte mit dem Ursprung des xy-Koordinatensystems zusammenfallen. Die Standardabweichung der Punkte in der y-Richtung hat dann den Wert

$$\sigma_y = \sqrt{\frac{[y^2]}{n-1}}.$$

Projizieren wir unsere Punkte durch Projektionsstrahlen, die parallel zur y-Achse sind, auf die gestrichelte Regressionsgerade, so erhalten wir die durch leere Kreise dargestellten Punkte, deren Ordinaten mit Y bezeichnet werden sollen. Die Standardabweichung dieser Punkte in der y-Richtung ist

$$\sigma_Y = \sqrt{\frac{[Y^2]}{n-1}}.$$

Es ist σ_Y der Anteil der y-Streuung unserer ursprünglichen Punkte, der allein durch die Streuung ihrer x-Werte bedingt ist. Hierzu tritt dann noch die Zufallsstreuung, die man als Streuung der schwarzen Punkte um die Regressionsgerade erkennt. Die Gesamtstreuung σ_y ist stets größer als σ_Y. Je geringer nun die Zufallsstreuung ist, desto schärfer ist die Regressionsgerade bestimmt, desto größer ist die Korrelation. Wir können als Korrelationsmaß also sehr gut das Streuungsverhältnis

$$\frac{\sigma_Y}{\sigma_y}$$

einführen. Liegen alle unsere ursprünglichen (schwarzen) Punkte bereits auf der Regressionsgeraden (ist die Korrelation also vollkommen), so ist der Wert unseres Streuungsverhältnisses gleich Eins. Fällt dagegen die Regressionsgerade in die x-Achse (besteht also keine Korrelation), so wird σ_Y und damit das Streuungsverhältnis gleich Null. Wir wollen jetzt das Streuungsverhältnis aus den Koordinaten der Punkte ermitteln. Es ist

$$\frac{\sigma_Y}{\sigma_y} = \frac{\sqrt{\frac{[Y^2]}{n-1}}}{\sqrt{\frac{[y^2]}{n-1}}} = \sqrt{\frac{[Y^2]}{[y^2]}}\,.$$

Nun ist

$$Y = ax, \tag{23.1}$$

worin

$$a = \frac{[xy]}{[x^2]}$$

die Steigung der Regressionsgeraden bedeutet. Wir können also schreiben

$$\frac{\sigma_Y}{\sigma_y} = \sqrt{\frac{a^2[x^2]}{[y^2]}} = \sqrt{\frac{[xy]^2[x^2]}{[x^2]^2[y^2]}} = \sqrt{\frac{[xy]^2}{[x^2][y^2]}}$$

$$\frac{\sigma_Y}{\sigma_y} = \frac{[xy]}{\sqrt{[x^2][y^2]}}\,.$$

Der letzte Ausdruck ist aber nach (22.1) nichts anderes als unser Korrelationskoeffizient r. Also ist

$$r = \frac{\sigma_Y}{\sigma_y}\,.$$

Bei dieser Gelegenheit soll noch eine wichtige Beziehung aufgestellt werden. Da nach (23.1) $Y = ax$, also auch $\sigma_Y = a\sigma_x$ ist, so gilt

$$r = a\frac{\sigma_x}{\sigma_y}.$$

Diese letztere Beziehung gibt einen Zusammenhang zwischen dem Korrelationskoeffizienten r, der Steigung a der Regressionsgeraden und den Standardabweichungen der x- und y-Werte. Man kann hieraus r oder a berechnen, wenn die übrigen drei Daten bekannt sind.

V. Rückblick und Ausblick

24. Historischer Rückblick

Es ist wohl kaum möglich, festzustellen, wer als erster sich mit Wahrscheinlichkeitsrechnung befaßt hat und damit als ihr Begründer genannt werden müßte. Glücksspiele haben schon in sehr frühen Zeiten den Anlaß gegeben, Wahrscheinlichkeitsbetrachtungen anzustellen. Der Begriff der Wahrscheinlichkeit a priori hat dabei zunächst ausschließ-

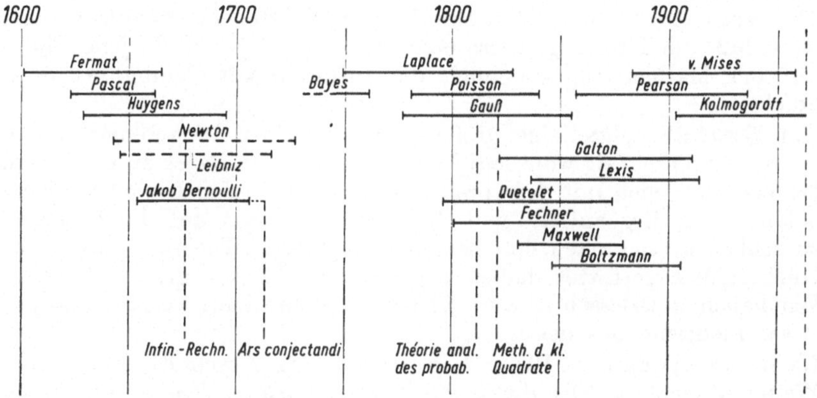

Abb. 19. Chronologische Übersicht

lich solchen Betrachtungen zugrunde gelegen. Die eigentliche Aufgabe der Wahrscheinlichkeitsrechnung ist es, aus a priori oder sonstwie gegebenen Wahrscheinlichkeiten durch Rechnung neue Wahrscheinlichkeiten herzuleiten. Diesem Zweck dienen insbesondere der Additionssatz und der Multiplikationssatz. Mit Hilfe dieser beiden grundlegenden Sätze konnten auch wir in Abschnitt I bereits recht komplizierte Glücksspielprobleme oder Probleme des praktischen Lebens lösen. Additions- und Multiplikationssatz sind schon Jahrhunderte lang bekannt gewesen, ehe im 17. Jahrhundert die drei berühmten Zeitgenossen *Fermat*, *Pascal* und *Huygens* sich ausgiebig der Wahrscheinlichkeitsrechnung widmeten (vgl. laufend die chronologische Übersicht Abb. 19). Alle drei haben im Grunde genommen nur mit diesen beiden einfachen

Sätzen gearbeitet, obwohl sie Aufgaben lösten, die bereits außerordentlichen Scharfsinn erforderten. *Pascal* muß unter den drei genannten noch als derjenige hervorgehoben werden, der die Kombinatorik sehr gefördert hat (Pascalsches Dreieck!), diesen interessanten Zweig der reinen Mathematik, ohne den eine weitere Entwicklung nicht möglich gewesen wäre. (Auch *Leibniz* hat zur Entwicklung der Kombinatorik beigetragen.) Trotz aller großen Verdienste, die diese drei Schrittmacher für die Wahrscheinlichkeitsrechnung haben, und obwohl man insbesondere *Pascal* und *Fermat* als ihre Begründer ansieht, hat eigentlich erst ein weiterer, allerdings erheblich jüngerer Zeitgenosse, der Baseler Mathematiker *Jakob Bernoulli* mit seiner „Ars conjectandi" eine erste systematische Darstellung des gesamten Gebietes gegeben, nachdem bis dahin die Einzelprobleme mehr im Vordergrund gestanden hatten. *Bernoulli* gab mit diesem erst im Jahre 1713 nach seinem Tode erschienenen Werk, das auch das in Kap. 11 behandelte Bernoullische Theorem enthielt, der ersten Epoche der Wahrscheinlichkeitsrechnung Abschluß und Krönung. Diese erste Epoche fiel gerade in jene Blütezeit der Mathematik, die auch die Infinitesimalrechnung hervorgebracht hat.

Auf *Bernoulli* folgte eine größere Pause in der Weiterentwicklung. Es ist für diese Zeit wohl lediglich der Engländer *Bayes* zu erwähnen, der erstmalig sich mit dem praktisch so bedeutenden Umkehrproblem befaßte, aus Ergebnissen von Zufallsexperimenten auf die Ursachen zu schließen. Das nach ihm benannte Bayessche Theorem, das solche Rückschlüsse gestattet, haben wir hier mit Absicht nicht behandelt. Wir haben stattdessen in Kap. 12 bei der Beurteilung von Stichproben etwas moderner gearbeitet.

Nach der erwähnten Pause folgt wieder ein Abschnitt stürmischer Weiterentwicklung, der durch die Namen *Laplace*, *Poisson* und *Gauß* gekennzeichnet ist. Von *Laplace* erschien 1812 das bedeutende Werk „Théorie analytique des probabilités", das eigentlich bis in unser Jahrhundert hinein für die Pflege und Lehre der Wahrscheinlichkeitsrechnung bestimmend gewesen ist. *Laplace* faßte sowohl das Bernoullische als auch das Bayessche Theorem schärfer und gab eine exakte formale Grundlegung des ganzen Gebietes. Wir sind mit unseren in diesem Buch vermittelten Kenntnissen noch nicht recht in der Lage, die Arbeit von *Laplace* zu würdigen. Das gleiche gilt für die Arbeit von *Poisson*, von dem übrigens die Bezeichnung „Gesetz der großen Zahlen" stammt. Das Verdienst von *Gauß* liegt vor allem in der Anwendung der Wahrscheinlichkeitsrechnung auf die Fehlertheorie. Er hat wohl als erster in größerem Maß die Wahrscheinlichkeitsrechnung auf ein „vernünftiges" Gebiet angewandt (als welches man die Theorie der Glücksspiele ja nicht bezeichnen kann). Er schuf die Ausgleichungsrechnung nach der Methode der kleinsten Quadrate und leitete das Fehlerverteilungsgesetz her. Die nach ihm später als Gaußsches Verteilungsgesetz bezeichnete Funktion hatte vorher bereits *Laplace* für andere Zwecke benutzt (worüber *Gauß* selbst keinen Zweifel gelassen hat).

Es folgte nun eine Zeit, die vor allem den Anwendungen gewidmet war. Es bildeten sich die Tochterdisziplinen der Wahrscheinlichkeitsrechnung aus. Diese Tochterdisziplinen lassen sich z.T. nicht recht scharf auseinander halten. Die „mathematische Statistik" insbesondere wird oft als ein Teil der Wahrscheinlichkeitsrechnung selbst bezeichnet. (Ich erinnere an unsere „statistischen" Würfelversuche.) Manchmal faßt man die mathematische Statistik als ein großes Gebiet auf, das sowohl die Wahrscheinlichkeitsrechnung als auch die praktische „Erhebungskunst" und die Auswertungstechnik umfaßt. (Die beiden letztgenannten Gebiete lagen nicht im Rahmen dieses Buches.) Der Leser muß beim Studium weiterer Literatur mit dieser verschiedenartigen Auffassung rechnen. Der Verfasser kann also hier gar keine allgemein anerkannte Definition für den Begriff der mathematischen Statistik geben. Man könnte aber vielleicht unter den *Statistikern* zwei Gruppen unterscheiden, nämlich einerseits eine kleine Gruppe solcher, die sich mit den allgemeinen Methoden und Regeln der Statistik befassen und eine weit größere Gruppe solcher, die diese Methoden anwenden zu statistischen Untersuchungen auf einem ganz bestimmten Wissensgebiet (z.B. Biologie, Medizin, Technik, Volkswirtschaft, Versicherungswesen usw.). Die ersteren fassen oft die Statistik als eine besondere Wissenschaft auf (der Verfasser spricht vorsichtiger von einer wissenschaftlichen „Disziplin"), die letzteren dagegen nur als ein wissenschaftliches Hilfsmittel.

Es fällt nun auf, daß unter denen, die jetzt für die zweite Hälfte des vorigen Jahrhunderts als bedeutende Statistiker aufgezählt werden müssen, sich — abgesehen vielleicht von dem erstgenannten — kein eigentlicher Mathematiker mehr befindet, nachdem die Mathematiker seit Jahrhunderten die Vorarbeit geleistet hatten. Es sind zu nennen der Belgier *Quetelet* und der deutsche Psychologe *Fechner*. Der letztere ist der Begründer der sogenannten „Kollektivmaßlehre". (Der Begriff des Kollektivs ist uns bekannt. Als hauptsächliche Maße hatten wir das arithmetische Mittel der Merkmalsgröße und ihre Standardabweichung kennengelernt.) Weiter sind zu nennen der deutsche Volkswirt *Lexis* und der englische Biologe *Galton*. Letzterer hat den Anstoß gegeben zur Korrelationsrechnung. Er hat damit den bisherigen Untersuchungen eine weitere Dimension hinzugefügt, indem er Kollektive nicht nur nach einem einzigen Merkmal sondern nach zwei verschiedenen Merkmalen anordnete. Die Korrelationsrechnung ist erst in unserem Jahrhundert voll entwickelt worden und in Gebrauch gekommen. Schließlich müssen für das Ende des vorigen Jahrhunderts noch zwei Physiker genannt werden, der Engländer *Maxwell* und der Deutsche *Boltzmann*. Beide haben statistische Methoden auf physikalische Probleme angewandt und haben dabei in der kinetischen Wärmetheorie große Erfolge gehabt.

Für unser Jahrhundert – in dem sich weitgehend die Mathematiker wieder einschalteten – sind in wissenschaftlicher Hinsicht zweierlei Entwicklungen kennzeichnend. Einerseits wurden die mathematischen Methoden der Statistik weiter ausgebildet – hier soll der Name des Engländers *Karl Pearson* erwähnt werden – und andererseits drang man, einer allgemeinen Tendenz der neueren mathematischen Wissenschaft entsprechend, weiter nach den philosophischen Grundlagen der Wahrscheinlichkeitsrechnung vor. Auf diesem Gebiet leisteten Entscheidendes u.a. der deutsche Mathematiker *v. Mises*, der den Begriff der apriorischen Wahrscheinlichkeit als Grundlage völlig ablehnt, und der Russe *Kolmogoroff*.

In praktischer Hinsicht scheint gerade jetzt das Zeitalter der Statistik anzubrechen. Einerseits deuten die großen Erfolge der mathematischen Statistik auf atomphysikalischem Gebiet darauf hin und andererseits das Eindringen statistischer Methoden in fast alle Gebiete des menschlichen Lebens. In letzterer Hinsicht ist Amerika das große Vorbild. Politische oder wirtschaftliche Befragungsinstitute versuchen für ihre Auftraggeber auf statistischem Weg politische oder wirtschaftliche oder sonstwie interessierende Meinungen und Absichten der großen Bevölkerungsmassen zu ergründen, indem sie Individuen eines kleinen Teilkollektivs befragen, welches natürlich in jeder Hinsicht das Gesamtkollektiv repräsentieren muß. Rationalisierung und möglichste Ausschaltung des Risikos durch wohlbedachte Planung und Werbung sind die Forderungen im wirtschaftlichen und politischen Konkurrenzkampf. Sie sind der Grund für das augenblickliche Massenaufgebot von statistischen Hilfsmitteln und Hilfskräften.

25. Von philosophischen Voraussetzungen über Mathematik und Physik zu philosophischen Folgerungen

Wir wollen uns nun vom sicheren mathematischen Parkett einmal auf das philosophische Glatteis begeben. Mit dieser Bemerkung soll kein Werturteil über die einzelnen Wissenschaften gefällt werden. Es soll darin nur zum Ausdruck kommen, daß das, was der Mathematiker ausspricht, sicher und unverrückbar feststeht und daß die Richtigkeit seiner exakt begründeten mathematischen Behauptungen von niemandem ernstlich bezweifelt werden kann. Der reine Mathematiker hat es in dieser Hinsicht leicht. Alles was irgendwie grundsätzlich unsicher ist bei den Dingen, mit denen er wissenschaftlich in Berührung kommt, das rechnet er von vornherein nicht zur Mathematik sondern im allgemeinen zur Philosophie. Wenn wir in den ersten Kapiteln des Buches gewisse ungeklärte Fragen im Zusammenhang mit dem Begriff der Wahrscheinlichkeit aufwarfen, so waren diese Fragen philosophischer Natur. Wir schoben sie damals beiseite und errichteten unbekümmert das mathematische Gebäude der Wahrscheinlichkeitsrechnung. Da wir aber die Wahrscheinlichkeitsrechnung auf die Wirklichkeit unserer Welt anwenden wollen, können wir an den philosophischen Fragen doch nicht ganz achtlos vorüber gehen. Die Ansichten über ihre Beantwortung gehen bei den Vertretern der Wissenschaft — auch bei den Mathematikern unter diesen — zum Teil sehr auseinander. Die nun folgende Erörterung dieser umstrittenen Dinge möchte der Verfasser nur als Andeutung und Ausblick gewertet wissen und er möchte im übrigen den interessierten Leser auf die einschlägige Literatur verweisen (s. Kap. 26).

Der Mathematiker, der sich mit der Wahrscheinlichkeitsrechnung befaßt, setzt nur weniges voraus. Im Grunde genommen sind es wohl zwei wesentliche Dinge: Das erste ist der Grundsatz (das Axiom) von der Existenz der Wahrscheinlichkeit, d.h. eines Grenzwertes der relativen Häufigkeit für das Auftreten eines bestimmten Merkmals bei gleichartigen Versuchen. Das zweite ist der Grundsatz vom „ausgeschlossenen Spielsystem". Dieser zweite Grundsatz deckt sich im ganzen etwa mit unserer Forderung der Unabhängigkeit der Ergebnisse der Einzelversuche einer Versuchsreihe voneinander. Der Mathematiker kann nun auf diesem kleinen aber soliden Fundament das ganze Riesengebäude der Wahrscheinlichkeitsrechnung aufbauen, ohne daß er ein einziges Experiment durchführt und ohne daß er sich im geringsten um das wirkliche Geschehen in der Welt kümmert. Nun interessiert natürlich den „Nicht-Nur-Mathematiker" sehr stark, wie weit die gefundenen Sätze auch auf die Verhältnisse in der Wirklichkeit zutreffen, nachdem der Mathematiker sich seine Axiome einfach gesetzt hat. Das eine ist nun sicher: Wenn die vom Mathematiker zugrunde gelegten Axiome der Wirklichkeit angemessen sind, dann entsprechen auch alle Folgerungen, die aus ihnen gezogen werden, der Wirklichkeit. Dafür, daß die zugrunde gelegten Axiome der Wirklichkeit angemessen sind, kann aber wohl kein direkter, strenger und unanfechtbarer Beweis erbracht werden. Alle Hinweise auf die „Evidenz", auf die „Selbstverständlichkeit", auf den „gesunden Menschenverstand" usw. sind zur Begründung der einzelnen Beweisschritte nicht stichhaltig. Der sog. „gesunde Menschenverstand" hat sich in neuerer Zeit schon zu oft als ein sehr „gebrechliches Gebilde" erwiesen, wenn es darum ging, durch bloßes Nachdenken Erkenntnisse über die Wirklichkeit zu gewinnen. Die Fragen der Axiomatik der Wahrscheinlichkeitsrechnung sind noch keineswegs so geklärt, daß irgendein System von Grundsätzen allgemeine Anerkennung gefunden hätte. Die Dinge sind hier anscheinend noch komplizierter als bei der Grundlegung der Geometrie. Die Frage, welches der verschiedenen möglichen Axiomensysteme der Geometrie dem wirklichen Raum angemessen ist, versuchte man zu beantworten, indem man gewisse Folgerungen aus verschiedenen möglichen Axiomensystemen zog und diese Folgerungen dann physikalisch nachprüfte. Wir können bei der Wahrscheinlichkeitsrechnung ähnlich vorgehen. Man hat die gefundenen Wahrscheinlichkeitssätze in großem Umfang durch statistische Experimente nachgeprüft, und man hat bisher noch keinen Anlaß gefunden, die Übereinstimmung mit der Wirklichkeit zu bezweifeln. Wir haben selbst solche Experimente durchgeführt. Dabei liegt es in der Natur der Sache, daß eine scharfe Übereinstimmung im Sinne einer genauen Vorausbestimmbarkeit des Ergebnisses gar nicht gefordert werden kann. Aber Experimente mit riesengroßen Anzahlen von Einzelversuchen geben doch schon ein hohes Maß von Wahrscheinlichkeit für die Richtigkeit unserer Sätze. Die Sätze der Wahrscheinlichkeitsrechnung sind also selbst nur wahrscheinlich. Absolute Gewißheit für die Richtigkeit dieser Sätze kann wohl naturgemäß gar nicht verlangt werden, soweit diese Sätze Aussagen über die Wirklichkeit machen. Noch weniger können wir eine Gewißheit gewinnen für die Richtigkeit der Axiome. Denn, während man aus den Axiomen ohne weiteres das ganze Gebäude der Wahrscheinlichkeitsrechnung mit all ihren Sätzen aufbauen kann, ist das umgekehrte Schlußverfahren durchaus nicht in gleicher Weise zwingend. (Jedenfalls müßte aber ein solches wirklich zwingendes Schlußverfahren außerordentlich viel komplizierter sein.) — Wir wollen uns hier mit der Feststellung begnügen, daß für praktische Zwecke die Wahrscheinlichkeitsrechnung richtige Ergebnisse liefert. Der Verfasser erinnert sich in diesem Zusammenhang an einen Spruch, den er an einer Stätte der Praxis angeschlagen fand, den er zwar nicht voll und in jeder Hinsicht unterschreiben möchte, dessen letzte Zeilen in unserer Lage aber doch einen gewissen Trost bieten:

„Sag Freund, was ist doch Theorie?"
„Wenn's stimmen soll und stimmt doch nie!"
„Und was ist Praxis?" — „Frag' nicht dumm!
Wenn's stimmt, und keiner weiß warum!"

Wollen wir zunächst wieder zu dieser Praxis gehen! Wenn wir also auch nicht wissen „warum": Die Wahrscheinlichkeitsrechnung hat große Erfolge gehabt, vor allem auch in der modernen Physik. Im vorigen Jahrhundert herrschte zunächst noch allgemein die Überzeugung, daß alle physikalischen Vorgänge, sofern man nur die Grundlagen richtig kenne, unter Zugrundelegung des Kausalitätsprinzips sich mit Hilfe von Differentialgleichungen exakt beschreiben ließen und daß es dem Physiker, vorausgesetzt er habe eine übernatürliche Rechenfertigkeit, gelingen müsse, durch Integration dieser Differentialgleichungen das ganze Weltgeschehen so genau vorauszusagen, wie es den Astronomen bei der Voraussage der Planetenbewegung bereits gelungen war. Die großen Erfolge der mathematischen Analysis führten zu dieser Vermutung. *Laplace*, der sich mit der Berechnung der Planetenbewegung befaßt hatte, war selbst einer ihrer Verfechter. Man prägte den Begriff des „Laplaceschen Geistes". Darunter sollte ein hypothetisch angenommener Geist verstanden werden, dem menschliches Denkvermögen zugeschrieben wurde, ohne daß er den natürlichen Beschränkungen des Menschen unterworfen sein sollte. Er sollte also erstens ein unbeschränktes Gedächtnis haben und zweitens in einem unvorstellbaren Tempo rechnen können. Grundsätzlich sollte aber sein Denkvermögen nicht „übermenschlich" sein. Wären einem solchen Geist in einem bestimmten Augenblick alle Daten bekannt, die zur Beschreibung des Zustands der ganzen Welt nötig sind, so müßte dieser Geist den Zustand der Welt zu jeder beliebigen späteren Zeit vorausberechnen können, wie der Astronom die späteren Planetenkonstellationen, die Finsternisse usw. vorausberechnen kann. Daß der Mensch tatsächlich die Zukunft nicht vorausberechnen könne, so meinte man, läge einzig daran, daß er eben zwar nicht grundsätzlichen, qualitativen, sondern lediglich quantitativen Denkbeschränkungen unterworfen sei. Die philosophische Lehre des „Determinismus" hat zum Inhalt, daß alles Geschehen in der Welt auf Grund strenger Naturgesetze bis in die fernsten Zeiten schon seit frühesten Zeiten genau vorherbestimmt ist bis in alle Einzelheiten. Sie setzt natürlich voraus, daß auch der menschliche Wille strengen Naturgesetzen unterworfen ist. Denn hätte auch nur ein Mensch einen freien Willen, so könnte er ja leicht durch eine einzige unmotivierte Handlung, die seinem freien Willensentschluß entspringt, das Geschehen so beeinflussen, daß es anders abläuft als es eigentlich „determiniert" war. Die Einstellung, die in den vorstehenden schon sehr alten Gedankengängen zum Ausdruck kommt, führte schließlich in konsequenter Linie zum Monismus des Biologen *Ernst Haeckel* um die letzte Jahrhundertwende.

Nun fand man gegen Ende des vorigen Jahrhunderts, daß es physikalische Gesetze gibt, deren Zustandekommen nicht zu deuten war als das Ergebnis der Integrationen von Differentialgleichungen. Es handelte sich dabei um die Gesetze der Thermodynamik (z.B. das Boyle-Mariottesche Gasdruckgesetz). *Maxwell* und *Boltzmann* wandten die Wahrscheinlichkeitsrechnung auf die ungeheuer große Anzahl der in einem Gas zunächst nur vermuteten Moleküle an. Die Folgerungen, die beide aus ihren Annahmen zogen, konnten durch praktische Versuche in glänzender Weise bestätigt werden. Nur deshalb, weil die Anzahl der beteiligten Moleküle so ungeheuer groß ist, erscheinen die Gasdruckgesetze als genau so scharf und exakt, wie die übrigen physikalischen Gesetze auch. Die Zufallsschwankungen sind bei diesen ungeheuren Zahlen nicht mehr festzustellen. Daß solche Schwankungen im Kleinen wirklich auftreten, kann man bei der Beobachtung der sog. Brownschen Bewegung im Mikroskop erkennen. Man nahm allerdings an, daß der Zufall, der in diesen Schwankungen in Erscheinung trat, ein relativer Zufall ist und daß das einzelne Molekül beim Zusammenprall mit anderen Molekülen sich genau nach den physikalischen Gesetzen des elastischen Stoßes verhält. Die Maxwell-Boltzmannsche Theorie wurde gerade zu einer ganz besonders festen Stütze für das deterministisch-mechanistische Weltbild der damaligen Zeit. Aber eines war eben doch zu erkennen: Es gibt physikalische Gesetze – wie z.B. das Boyle-Mariottesche Gasdruckgesetz – die statistischen Ursprungs sind und die nicht unmittelbar der Anwendung des Kausalprinzips entspringen.

Man hat nun weitere physikalische Gesetze gefunden, die ebenfalls statistischen Ursprungs sind. Es soll hier das Zerfallsgesetz für radioaktive Substanzen erwähnt werden. Hat man eine winzige Menge eines radioaktiven Stoffs und beobachtet man der Zerfall mit einem Geigerzähler, so reagiert dieser Zähler in unregelmäßigen Abständen auf den Zerfall einzelner Atome. Die Aufeinanderfolge der Ausschläge des Zählers entspricht etwa dem Zufallsrhythmus der Aufeinanderfolge der Treffer beim Würfeln (s. Kap. 4). Bei dem Atomzerfall scheint also der Zufall eine Rolle zu spielen. Man hat auch beobachtet, daß weder Erhitzung noch elektrische Ladung noch irgendeine andere physikalische oder chemische Behandlung den Zerfall beschleunigen oder hemmen kann. Nimmt man immer größere Stücke der radioaktiven Substanz, so sind die Zufallsschwankungen immer weniger zu beobachten. Man kann dann ein ganz „strenges" Gesetz ermitteln: Die Menge der in der Zeiteinheit zerfallenen Atome ist streng proportional der Menge der überhaupt vorhandenen Atome. Mathematisch kommt diese Tatsache auf folgendes hinaus: Wenn in einer bestimmten Zeit gerade die Hälfte der ursprünglich vorhandenen Atome zerfallen ist – man nennt diese Zeitspanne die „Halbwertszeit" – so zerfällt in der nächsten ebenso großen Zeitspanne wieder die Hälfte von dem Rest (so daß dann noch ein Viertel von der Ausgangsmenge übrig ist) usw. Die Abb. 20 gibt das Zerfallsgesetz in Kurvenform wieder. Auch aus diesem Gesetz kann man schließen, daß der bloße Zufall waltet, und daß keine besondere äußere Ursache für den Zerfall verantwortlich zu sein scheint. Nehmen wir zum Vergleich einmal eine Menge von 100 000 neugeborenen Menschen her und verfolgen statistisch deren „Zerfall", d.h. hier deren Absterben, so erhalten wir nach den Ermittlun-

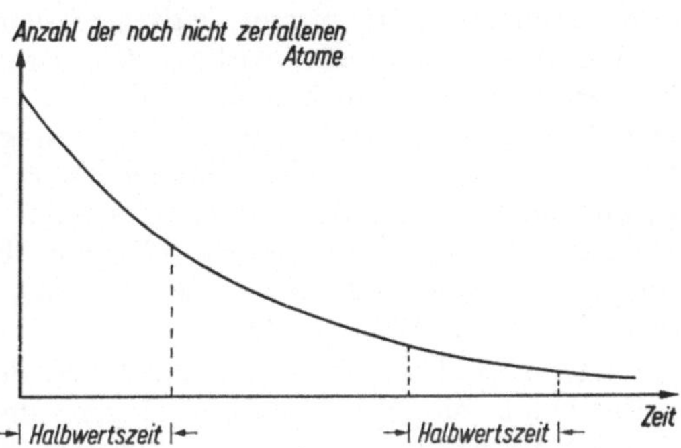

Abb. 20
Radioaktives Zerfallsgesetz

gen der Lebensversicherungsgesellschaften eine Kurve von der in Abb. 21 erkennbaren Gestalt. Wir sehen hier, daß offensichtlich gewisse Todesursachen vorhanden sind. Im jüngsten Lebensalter ist es die Empfindlichkeit des neugeborenen Körpers, die die hohe Säuglings-

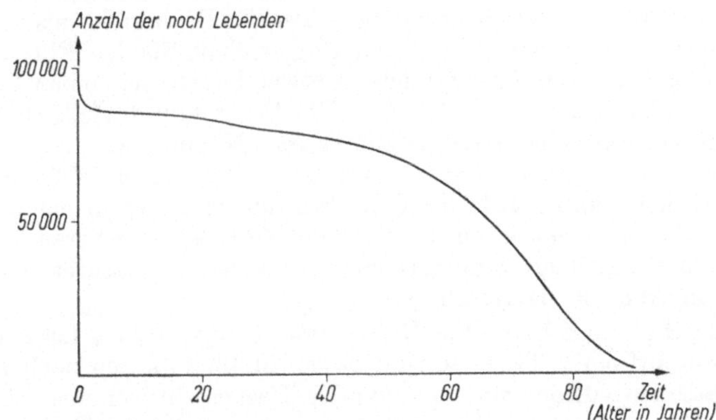

Abb. 21. Absterbegesetz für 100 000 Neugeborene (1924/26)

sterblichkeit hervorruft und im Alter von etwa 70 Jahren bedingt Altersschwäche ein auffallend starkes Absinken der Kurve. Ein Atom dagegen altert nicht. Keiner weiß, ob es in der nächsten Sekunde zerfällt oder in Millionen Jahren. Nur wenn man eine große Menge solcher Atome hat, kann man das Zerfallsgesetz bestimmen. Über das Schicksal des einzelnen Atoms besteht Ungewißheit. Diese Ungewißheit hat den Gedanken nahegelegt, daß vielleicht für die „Mikrophysik", also im atomaren Geschehen, das Kausalitätsprinzip gar nicht gilt, daß die in der „Makrophysik" beobachtete strenge Gesetzmäßigkeit nur dadurch zustande kommt, daß hier sehr viele sich akausal verhaltende Atome zusammenwirken. Die Gesetze, die sich dabei ergeben, sind dann lediglich statistischer Natur. So wie man beim einzelnen Wurf mit einem Würfel nie voraussagen kann, welche Augenzahl fällt, dagegen beim gleichzeitigen Wurf von 12 000 Würfeln, die man aus einem Sack ausschüttet, stets weiß, daß ziemlich genau 2000 Würfel eine Sechs zeigen werden, 2000 eine Fünf usw., so ist es auch beim physikalischen Geschehen. Gesetzmäßigkeiten entstehen nur dadurch, daß viele Mitwirkende beteiligt sind.

Ein weiteres Bild sei gebracht: Man wird den Eindruck haben, daß der Entschluß zum Selbstmord wohl ganz dem freien Willen des Betreffenden unterliegt. Die Motive für den Selbstmord einerseits und die Hemmungen andererseits sind so schwerfaßbarer Natur und von so vielen Zufälligkeiten abhängig, daß keiner sich zutrauen wird, vorauszuberechnen, ob ein bestimmter Mensch Selbstmord verüben wird oder nicht. Und dennoch weiß der Statistiker, daß unter einer Million lebender Einwohner in Deutschland etwa 270 Einwohner jährlich Selbstmord verüben. Diese Zahl schwankte von Jahr zu Jahr (1922 bis 1930) nur verhältnismäßig schwach. Es besteht also ein statistisches Gesetz, trotz der völligen Ungewißheit für den Einzelfall. Sollten die radioaktiven Atome auch so etwas haben wie einen freien Willen und „Selbstmord" verüben? – Die Frage mutet vielleicht etwas seltsam an. Aber eines steht jedenfalls fest: Nähmen wir an, daß die Atome ohne jede äußere Ursache, infolge völlig freien Willensentschlusses zerfallen, dann würde bei den Riesenmengen der in einem Stückchen der Substanz enthaltenen Atome ein Zerfallsgesetz herauskommen, wie es tatsächlich an radioaktiven Substanzen beobachtet wird und wie es in Abb. 20 dargestellt ist.

Für Radium z.B. ist die Halbwertszeit 1600 Jahre. Lege ich 1 g Radium auf einen Tisch, so sind davon in 1600 Jahren noch 1/2 g übrig. Hätte ich auf das andere Ende des Tisches ein weiteres Stück von 1 g Radium gelegt, so wäre auch von diesem in 1600 Jahren 1/2 g übrig, in weiteren 1600 Jahren von beiden Stücken nur je 1/4 g, insgesamt also 1/2 g. Hätte man nach den ersten 1600 Jahren die beiden restlichen 1/2 g-Stücke zu einem 1 g-Stück zusammengelegt, so wären diese natürlich in dem zweiten Zeitabschnitt genau so auf 1/2 g zusammengeschrumpft. Das heißt also, der Vorgang wäre in derselben Weise verlaufen wie bei dem einen 1 g-Stück 1600 Jahre früher. Das

Alter des Radiums spielt also keine Rolle. Mit einer geradezu eindrucksvollen „Sturheit" läuft der Vorgang über die Jahrmillionen ab. Durch statistische Untersuchungen auf dem Gebiet der Atomphysik ist ein großer Teil der Physiker zu dem Schluß gekommen, daß auch die Vorgänge in der Atomhülle akausal ablaufen und daß unser Eindruck von den kausal bedingten physikalischen Vorgängen der Makrophysik nur ein Trugbild ist, daß die physikalischen Gesetze der Makrophysik in Wahrheit nur statistischen Ursprungs sind. Es herrscht im Naturgeschehen – um eine prägnante Formulierung von *Wagemann* zu gebrauchen – „individuelle Freiheit bei kollektivem Zwang". Dieser Zwang ist aber nur scheinbar vorhanden. Der „Scheinzwang" ist nicht kausal sondern nur statistisch bedingt. Man könnte diese Tatsache vielleicht als das *statistische Paradoxon* bezeichnen. Die jedem denkenden Menschen bekannte Mißhelligkeit zwischen seiner tiefverwurzelten Kausalvorstellung einerseits und seiner ebenso tiefliegenden Vorstellung seines eigenen freien Willens andererseits könnte hier eine Lösung finden.

Der Leser ersieht aus dem vorstehenden, wie einerseits die philosophische Grundlegung der Wahrscheinlichkeitsrechnung noch umstritten ist und wie andererseits die Anwendung der Wahrscheinlichkeitsrechnung auf die Mikrophysik wieder zu umwälzenden philosophischen Folgerungen größten Ausmaßes geführt hat. Auch über diese philosophischen Folgerungen ist die Diskussion in vollem Gange.

Zum Schluß wollen wir die dargelegten philosophischen Zusammenhänge noch einmal in gedrängter Form zusammenfassen und in neuer Sicht einander gegenüberstellen. Wir machten (in Kap. 1) einen Unterschied zwischen absolutem und relativem Zufall. Der relative Zufall ist mit dem Kausalprinzip und mit der Einstellung des Determinismus vereinbar, wie wir früher bereits feststellten. Ebenso ist er vereinbar mit dem Wahrscheinlichkeitsaxiom, das die Existenz eines Grenzwertes der relativen Häufigkeit fordert. Da die Sätze der Wahrscheinlichkeitsrechnung in der Wirklichkeit zutreffen, kann also aus der Erfahrung heraus nicht gegen die Annahme entschieden werden, daß das Weltgeschehen kausal abläuft. Andererseits ist die Annahme, daß ein absoluter – ein akausaler – Zufall im Weltgeschehen herrscht, durchaus zu vereinbaren mit dem Bestehen des Wahrscheinlichkeits-Axioms. (Es müssen nur für die verschiedenen Möglichkeiten des Verhaltens eines Elementarteilchens bestimmte Wahrscheinlichkeiten bestehen.) Die im makrophysikalischen Geschehen beobachteten „strengen" Gesetze sind dann nur statistischen Ursprungs. Sie sind nichts weiter als eine eigentümliche Erscheinungsform des absoluten Zufalls. Aus dem Zutreffen der Wahrscheinlichkeitsgesetze für die Wirklich-

keit läßt sich also auch kein Widerlegungsschluß gegen die Hypothese der Akausalität des Weltgeschehens ziehen.
Überhaupt kann also die Statistik in unserer Streitfrage nicht entscheiden, und es ist deshalb nicht die Aufgabe dieses Buches, über Wahrscheinlichkeitsrechnung und mathematische Statistik, hier Stellung zu beziehen. Das Feld, auf dem der Streit ausgetragen wird, ist die Atomphysik. Die von *Heisenberg* unter Mitwirkung von *Born, Jordan* und *Dirac* im Jahre 1926 begründete Quantenmechanik hat den Anstoß gegeben zu neuen Diskussionen über die Frage Determinismus — Indeterminismus. Eine Klärung ist nicht eingetreten. Die Ansichten stehen einander gegenüber. Der extremste Verfechter des Indeterminismus unter den deutschen Physikern unserer Zeit ist *Pascual Jordan* (geb. 1902), während der im Jahre 1947 verstorbene *Max Planck* (1858–1947), der mit der Begründung der Quantentheorie um 1900 die moderne Atomphysik einleitete, zu den entschiedenen Deterministen zu zählen ist. Ein großer Teil der Physiker hat sich nicht so deutlich entschieden. Wenn der Verfasser bekennt, daß er — in der Überzeugung von der Freiheit seines eigenen Willens — im ganzen mehr zur Jordanschen Ansicht neigt, so muß das für den Leser ohne Bedeutung sein. Die Versuchsergebnisse selbst haben keine unbedingte Klärung gebracht. Die Deutung der Ergebnisse ist bloße „Weltanschauungssache". Vielleicht ist eine restlose Klärung auch in Zukunft nicht möglich, weil dem Menschen Erkenntnisgrenzen gesetzt sind. Vielleicht gilt auch auf diesem Gebiet das bekannte Wort von *Du Bois-Reymond*: Ignoramus et ignorabimus! — Wir wissen es nicht und wir werden es nicht wissen!

26. Ratschläge für weiteres Studium

Wenn der Leser aus den vorstehenden Abschnitten des Buches Interesse für eine weitere Beschäftigung mit der Materie gewonnen hat, so wäre damit eines der Hauptziele des Verfassers erreicht. Derjenige, der eine gute mathematische Schulbildung genossen hat, mag zunächst versuchen, sich durch den Anhang durchzuarbeiten, damit er überall einen festen Grund unter den Füßen hat, ehe er zu weiterer Literatur greift. Derjenige, dem dieser Versuch mißlingt, wird auch bei den meisten der im folgenden angegebenen Werke irgendwo stecken bleiben. Das schließt natürlich nicht aus, daß er trotzdem bis dahin einen erheblichen Gewinn aus der Lektüre ziehen kann.
Die Auswahl der hierunter für weiteres Studium empfohlenen Literatur kann und soll in keinem Fall ein Werturteil ausdrücken, insbesondere kein negatives Werturteil über nichtaufgeführte Veröffentlichun-

gen. Trotz der zu bedauernden Unvollständigkeit, die einer solchen kurzen Zusammenstellung notwendig anhaften muß, hielt es der Verfasser doch für richtig, dem weiterdrängenden Leser noch einige Hilfe zu leisten.

Zunächst wendet er sich an diejenigen, die die philosophische Grundlegung der Wahrscheinlichkeitsrechnung besonders interessiert. Hier ist zu nennen:

[1] *v. Mises, R.*, Wahrscheinlichkeit Statistik und Wahrheit. 3. Aufl. Wien 1951.

Die Lektüre ist jedem zu empfehlen. Mathematische Vorkenntnisse werden nicht vorausgesetzt.

Weiter muß genannt werden:

[2] *Dörge, K.*, Wahrscheinlichkeitsrechnung für Nichtmathematiker. Berlin 1939.

Das Buch befaßt sich fast ausschließlich mit der Herleitung der grundlegenden Sätze der Wahrscheinlichkeitsrechnung. Beim Lesen des Buchtitels möge man sich aber keinen Täuschungen hingeben. Zwar werden keinerlei Kenntnisse der sog. höheren Mathematik vorausgesetzt, jedoch sind die Sätze mit einer hohen mathematischen Strenge hergeleitet, wie das heute in der mathematischen Wissenschaft üblich ist. Gerade das Durchdenken grundlegender Fragen ist mitunter etwas mühevoll für den Ungeübten. Wer aber bestrebt ist, den erkenntnistheoretischen Grundlagen näher zu kommen, dem sei gerade dieses typisch mathematische Buch ganz besonders empfohlen.

Zur Wahrscheinlichkeitsrechnung selbst gibt es in der älteren Literatur eine Unzahl brauchbarer Werke. Ich möchte von diesen nur das nennen, das in Deutschland lange als das Standardwerk gegolten hat:

[3] *Czuber, E.*, Wahrscheinlichkeitsrechnung und ihre Anwendung auf Fehlerausgleichung, Statistik und Lebensversicherung. 2 Bände. Leipzig und Berlin 1902 (und viele spätere Neuauflagen, zuletzt 1938).

Für den von uns behandelten Stoffkreis kommt vor allem der erste Band in Frage. Eingehende Kenntnis der Differential- und Integralrechnung wird vorausgesetzt.

Für die mathematische Statistik ist zu empfehlen:

[4] *Gebelein, H.*, Zahl und Wirklichkeit. Grundzüge einer mathematischen Statistik. Leipzig 1943.

Auch dieses recht umfassende Buch setzt Kenntnisse der Differential- und Integralrechnung voraus, wenn einzelne Abschnitte auch von weniger Eingeweihten verstanden werden können.

[5] *Linder. A.*, Statistische Methoden für Naturwissenschaftler, Mediziner und Ingenieure. Basel 1945.

Die mathematischen Voraussetzungen sind in den letzten Teilen ziemlich hoch.

[6] *Hogben, L.*, Zahl und Zufall. München 1956. (Aus dem Englischen übersetzt.)

Ein umfangreiches, in breiter Darstellungsform geschriebenes, instruktives Buch, das aber an den Leser trotzdem nicht geringe Anforderungen stellt.

Zur ersten Einführung in allgemeine statistische Fragen, u.a. auch in Fragen der Erhebungs- und Auswertungstechnik, die hier nicht behandelt wurden, eignen sich folgende Werke, die keine besonderen mathematischen Kenntnisse voraussetzen:

[7] *Schwarz, A.*, Umgang mit Zahlen. München, 2. Auflage 1952.

[8] *Wagemann, E.*, Die Zahl als Detektiv. Hamburg 1938.

[9] *Wagemann, E.*, Narrenspiegel der Statistik. 2. Aufl. Hamburg 1942.

Die Korrelationsrechnung ist recht ausführlich behandelt in dem bereits erwähnten Buch von *Gebelein*. Für den, der eine leichtverständliche Einführung sucht, sei genannt:

[10] *Niklas, H.* und *Miller, M.*, Korrelationsrechnung. Leipzig 1940.

Dieses kleine Buch, das eine Reihe von Beispielen enthält, setzt nur geringe Kenntnisse der Differentialrechnung voraus und kann in wesentlichen Teilen sogar ohne diese Kenntnisse verstanden werden.

Ferner sei dem Mediziner und dem Biologen sehr empfohlen:

[11] *Gebelein, H.* und *Heite, H. J.*, Statistische Urteilsbildung. Berlin 1951.

Das Buch befaßt sich hauptsächlich mit der Korrelationsrechnung und enthält viele Beispiele.

Weiter soll nochmals auf das in Kap. 12 bereits erwähnte Tafelwerk von *Koller* hingewiesen werden:

[12] *Koller, S.*, Graphische Tafeln zur Beurteilung statistischer Zahlen. 3. Aufl. Darmstadt 1953.

Wer schließlich an den philosophischen Folgerungen aus den physikalisch-statistischen Ergebnissen interessiert ist, kann zu den Schriften von *Jordan* und von *v. Weizsäcker* greifen:

[13] *Jordan, P.*, Physik im Vordringen. Braunschweig 1949.

[14] *Jordan, P.*, Die Physik und das Geheimnis des organischen Lebens. 4. Aufl. Braunschweig 1945.

[15] *Weizsäcker, C. F. Freiherr v.*, Zum Weltbild der Physik. 2. Aufl. Leipzig 1944.

Zum Schluß sei noch empfehlend hingewiesen auf eine Artikelreihe in der Zeitschrift „Studium generale" (4. Jahrgang 1951, Heft 2, S. 65 ff.). Hier wird von *B. L. van der Waerden* und anderen Autoren die philosophische Problematik von verschiedenen Seiten her beleuchtet.

Anhang

1. Die Herleitung der verbesserten Formel für die Standardabweichung (Formel (16.2))

Die Formel (16.1)

$$s = \sqrt{\frac{[(x-\bar{x})^2]}{n}}$$

gibt die Standardabweichung s nur dann richtig wieder, wenn es uns möglich ist, für $\bar{x}$ den wahren Wert der zu messenden Größe einzusetzen. Setzen wir statt des wahren Wertes nur das arithmetische Mittel unserer Meßwerte ein, so ist $\bar{x}$ mit einem gewissen Fehler behaftet und somit auch das mit Hilfe dieser Formel berechnete s. Nennen wir den wahren Wert der zu messenden Größe x_w, so ergeben sich die neuen Abweichungen der Einzelmessungen von diesem Wert zu

$$\begin{aligned} \delta_{w_1} &= \delta_1 - (x_w - \bar{x}) \\ \delta_{w_2} &= \delta_2 - (x_w - \bar{x}) \\ &\vdots \\ \delta_{wn} &= \delta_n - (x_w - \bar{x}) . \end{aligned}$$

Durch Quadrieren und Addieren erhalten wir

$$\begin{aligned} \delta_{w_1}^2 + \delta_{w_2}^2 + \ldots + \delta_{wn}^2 = \delta_1^2 + \delta_2^2 + \ldots + \delta_n^2 + n(x_w - \bar{x})^2 \\ - 2(x_w - \bar{x})(\delta_1 + \delta_2 + \ldots + \delta_n) . \end{aligned}$$

Hierin ist die Summe der Abweichungen vom arithmetischen Mittel $\delta_1 + \delta_2 + \ldots + \delta_n = 0$, was man aus Kap. 16 ohne weiteres erkennt. Es ist also in abgekürzter Schreibung

$$[\delta_w^2] = [\delta^2] + n(x_w - \bar{x})^2$$

oder nach Division durch n

$$\frac{[\delta_w^2]}{n} = \frac{[\delta^2]}{n} + (x_w - \bar{x})^2 .$$

Die linke Seite stellt das Quadrat der „wahren" Standardabweichung dar, das wir jetzt als s_w^2 bezeichnen wollen und die rechte Seite die

Summe aus dem mit (16.1) berechneten Abweichungsquadrat (s^2) und dem Quadrat der Abweichung des gefundenen Mittelwertes vom wahren Wert. Diese Abweichung $x_w - \bar{x}$ ist uns unbekannt. Wir können aber dafür als Durchschnittswert den mittleren Fehler des Mittels unserer n Messungen einsetzen, der nach (17.3)

$$s_m = \frac{s}{\sqrt{n}}$$

ist. Es ist also

$$s_w^2 = s^2 + \frac{s^2}{n}$$

oder

$$s_w^2 = s^2\left(1 + \frac{1}{n}\right) = s^2\,\frac{n+1}{n}\,.$$

Da

$$s^2 = \frac{[\delta^2]}{n} = \frac{[(x-\bar{x})^2]}{n}$$

ist, ergibt sich

$$s_w^2 = \frac{[(x-\bar{x})^2]}{n}\cdot\frac{n+1}{n} = \frac{[(x-\bar{x})^2]}{\dfrac{n^2}{n+1}}\,.$$

Wir können nun setzen

$$n^2 = (n^2-1)+1$$

oder

$$\frac{n^2}{n+1} = (n-1) + \frac{1}{n+1}\,.$$

Für nicht allzu kleines n dürfen wir das zweite Glied der rechten Seite gegenüber dem ersten vernachlässigen und also ersetzen

$$\frac{n^2}{n+1} \approx n-1\,.$$

Dann ist

$$s_w^2 = \frac{[(x-\bar{x})^2]}{n-1}\,.$$

Das heißt

$$s_w = \sqrt{\frac{[(x-\bar{x})^2]}{n-1}}.$$

Dies ist aber die zu beweisende Formel (16.2) für die mittlere quadratische Abweichung der Einzelmessung.

Es sei noch der mittlere Fehler s_m des Mittels aus den n Messungen angegeben. Wir finden ihn aus s_w nach (17.3) durch Division mit $\sqrt{n}$ zu

$$s_m = \sqrt{\frac{[(x-\bar{x})^2]}{n(n-1)}}.$$

2. Die Herleitung des Gaußschen Verteilungsgesetzes (Formel (18.1))

Es mögen sich in einer Urne gleichviel schwarze wie weiße Kugeln befinden. Ihre Gesamtzahl sei über alle Maßen groß, so daß auch nach dem Herausnehmen vieler Kugeln immer noch die Grundwahrscheinlichkeit $p = 1/2$ für das Ziehen einer weißen und $q = 1/2$ für das Ziehen einer schwarzen Kugel besteht. Es werde nun eine Anzahl von n Kugeln blind der Urne entnommen. Dann ist die Wahrscheinlichkeit dafür, daß a weiße Kugeln darunter sind nach der Newtonschen Formel (10.1)

$$w(a) = \binom{n}{a} \cdot \left(\frac{1}{2}\right)^n = \frac{n(n-1)\ldots(n-a+1)}{1\cdot 2\cdot 3\ldots \cdot a} \cdot \left(\frac{1}{2}\right)^n. \tag{1}$$

Für $a+1$ weiße Kugeln ist die Wahrscheinlichkeit

$$w(a+1) = \binom{n}{a+1} \cdot \left(\frac{1}{2}\right)^n = \frac{n(n-1)\ldots(n-a+1)(n-a)}{1\cdot 2\cdot 3\ldots(a+1)} \cdot \left(\frac{1}{2}\right)^n. \tag{2}$$

Aus (1) und (2) ergibt sich

$$w(a+1) = \frac{n-a}{a+1} \cdot w(a). \tag{3}$$

Ist n sehr groß, so können wir sagen: Der Höchstwert von w liegt nach den Regeln der Differenzenrechnung offensichtlich dann bei a oder $a+1$, wenn $w(a+1) = w(a)$ d.h., wenn

$$\frac{n-a}{a+1} = 1$$

ist, also bei

$$a = \frac{n-1}{2} \qquad \left(\text{bzw. } a+1 = \frac{n+1}{2}\right).$$

Das bedeutet: Der Höchstwert liegt bei $n/2$. Es ist also unter allen möglichen Fällen derjenige der wahrscheinlichste, daß die Hälfte der Kugeln weiß ist.

Wir erhalten für den Durchschnitt aller a-Werte

$$a_m = \frac{\sum_{a=0}^{n} a \cdot w(a)}{\sum_{a=0}^{n} w(a)} = \sum_{a=0}^{n} a \cdot w(a)$$

da $\sum_{a=0}^{n} w(a) = 1$ ist. Dieser Durchschnittswert ist wegen der Symmetrie der Verteilung $a_m = \frac{n}{2}$.

Gleichung (3) mit $(a+1)^2$ multipliziert ergibt

$$(a+1)^2 w(a+1) = naw(a) - a^2 w(a) + nw(a) - aw(a).$$

Dann ist

$$\sum_{a=0}^{n} (a+1)^2 w(a+1) = na_m - \sum_{a=0}^{n} a^2 w(a) + n - a_m.$$

Für großes n spielt bei der Summierung der Unterschied zwischen $a+1$ und a keine Rolle. Es ist also

$$2\sum_{a=0}^{n} a^2 w(a) = na_m + n - a_m$$

$$= \frac{n^2}{2} + \frac{n}{2} \qquad \left(\text{wegen } a_m = \frac{n}{2}\right),$$

$$\sum_{a=0}^{n} a^2 w(a) = \frac{n^2}{4} + \frac{n}{4}. \tag{4}$$

Nun ist die Standardabweichung der a-Werte

$$\sigma^2 = \sum_{a=0}^{n} (a - a_m)^2 w(a) \tag{5}$$

$$(\text{da } \sum_{a=0}^{n} w(a) = 1).$$

Oder, da

$$\sum_{a=0}^{n} (a-a_m)^2 w(a) = \sum_{a=0}^{n} (a^2 - 2a \cdot a_m + a_m^2) w(a)$$

$$\sigma^2 = \sum_{a=0}^{n} a^2 w(a) - 2a_m^2 + a_m^2$$

$$= \frac{n^2}{4} + \frac{n}{4} - a_m^2$$

und da $a_m = \frac{n}{2}$,

$$\sigma^2 = \frac{n}{4},$$

$$\sigma = \frac{\sqrt{n}}{2}. \tag{6}$$

Das bedeutet z.B. beim Herausgreifen von $n = 16$ Kugeln aus der Urne, daß die Standardabweichung σ vom Mittel (8 weiße Kugeln) $\frac{\sqrt{16}}{2} = \frac{4}{2} = 2$ ist. Für $n = 4$ Kugeln ist $\sigma = 1$ usw. Der Leser prüfe solche Ergebnisse für den Einzelfall nach durch unmittelbares Ausrechnen von σ unter Verwendung von Gleichung (5). (Das Gesetz der großen Zahlen macht sich hier bemerkbar!) Schließlich prüfe er noch nach, wie weit diese theoretisch ermittelten Standardabweichungen sich decken mit den nach dem Vorschlag in Kap. 16 ermittelten Standardabweichungen der praktischen Versuche von Kap. 8. Er hat hierbei wieder eine gute Gelegenheit, zu prüfen, ob unsere Zufallstheorie der Wirklichkeit angemessen ist.

Wir setzen jetzt geradzahliges n voraus. Die Verteilung $w(a)$ ist dann symmetrisch in Bezug auf das Argument $a_m = n/2$.

Wir können schreiben

$$w\left(\frac{n}{2}\right) = \binom{n}{\frac{n}{2}} \left(\frac{1}{2}\right)^n.$$

Ferner für ganzzahliges x

$$w\left(\frac{n}{2}+x\right)=\binom{n}{\frac{n}{2}+x}\left(\frac{1}{2}\right)^{n}. \tag{7}$$

Sodann

$$\frac{w\left(\frac{n}{2}+x\right)}{w\left(\frac{n}{2}\right)}=\frac{\binom{n}{\frac{n}{2}+x}}{\binom{n}{\frac{n}{2}}}=\frac{\dfrac{n(n-1)\ldots\left(n-\left(\frac{n}{2}+x\right)+1\right)}{\left(\frac{n}{2}+x\right)!}}{\dfrac{n(n-1)\ldots\left(n-\frac{n}{2}+1\right)}{\left(\frac{n}{2}\right)!}}$$

$$=\frac{\frac{n}{2}\left(\frac{n}{2}-1\right)\left(\frac{n}{2}-2\right)\ldots\left(\frac{n}{2}-x+1\right)}{\left(\frac{n}{2}+1\right)\left(\frac{n}{2}+2\right)\ldots\left(\frac{n}{2}+x\right)}.$$

Oder nach Division jedes der je x Faktoren in Zähler und Nenner durch $n/2$

$$\frac{w\left(\frac{n}{2}+x\right)}{w\left(\frac{n}{2}\right)}=\frac{\left(1-\frac{2}{n}\right)\left(1-\frac{4}{n}\right)\ldots\left(1-\frac{2x-2}{n}\right)}{\left(1+\frac{2}{n}\right)\left(1+\frac{4}{n}\right)\ldots\left(1+\frac{2x}{n}\right)}. \tag{8}$$

Wir machen jetzt einen Grenzübergang, indem wir n über alle Maßen wachsen lassen. Wir logarithmieren die letzte Gleichung. Solange x klein ist gegenüber $n/2$, können wir die logarithmische Reihe

$$\ln(1+\alpha)=\alpha-\frac{\alpha^2}{2}+\frac{\alpha^3}{3}-+\ldots$$

bei der Anwendung auf die Faktoren der rechten Seite von (8) nach dem ersten Glied abbrechen und also schreiben

$$\ln(1+\alpha)\approx\alpha$$

$$\ln(1-\alpha)\approx-\alpha. \tag{9}$$

(Der Leser, der die ebenzitierte ln-Reihe nicht kennt, mache sich durch Differenzieren klar, daß die Kurve $y = \ln x$ die x-Achse bei $x = 1$ unter 45° schneidet. Dann sieht er an Hand der Abb. 22 die Richtigkeit der Gleichungen (9) für kleines α sofort ein.)

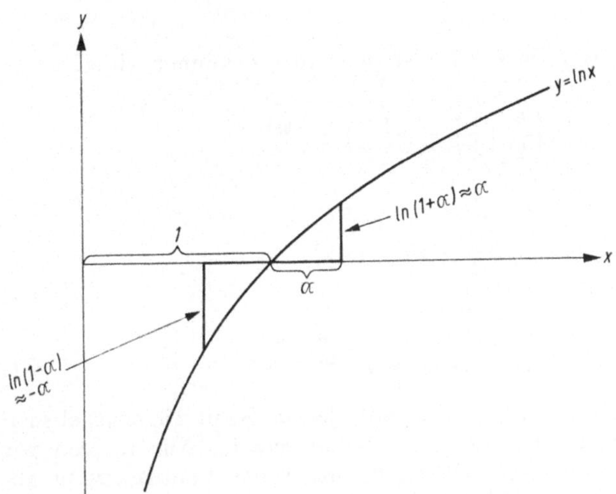

Abb. 22. Zur Erläuterung von ln $(1+\alpha) \approx \alpha$ usw.

Wir erhalten mit (9)

$$\ln \frac{w\left(\frac{n}{2}+x\right)}{w\left(\frac{n}{2}\right)} = -2\left(\frac{2}{n}+\frac{4}{n}+\frac{6}{n}+\ldots+\frac{2x-2}{n}\right)-\frac{2x}{n}$$

$$= -\frac{4}{n}\left(1+2+3+\ldots+(x-1)\right)-\frac{2x}{n}$$

$$= -\frac{4}{n}\,\frac{x(x-1)}{2}-\frac{2x}{n}$$

$$\ln \frac{w\left(\frac{n}{2}+x\right)}{w\left(\frac{n}{2}\right)} = -\frac{2x^2}{n}.$$

Also

$$w\left(\frac{n}{2}+x\right) = w\left(\frac{n}{2}\right)\cdot \mathrm{e}^{-\frac{2x^2}{n}}. \tag{10}$$

Während (7) allgemein gilt, gilt (10) als Annäherung für hohes n (wobei $w\left(\frac{n}{2}\right) = \binom{n}{\frac{n}{2}} \cdot \frac{1}{2^n}$ ist). Da $n = 4\sigma^2$ ist (nach (6)), so können wir schreiben

$$w\left(\frac{n}{2}+x\right) = w\left(\frac{n}{2}\right)\cdot \mathrm{e}^{-\frac{x^2}{2\sigma^2}}.$$

Setzen wir noch

$$w\left(\frac{n}{2}+x\right) = \omega(x),$$

so erhalten wir

$$\omega(x) = \omega(0)\cdot \mathrm{e}^{-\frac{x^2}{2\sigma^2}}. \tag{11}$$

Dies deckt sich formal schon fast mit der in Kap. 18 angegebenen Formel (18.1) für das Gaußsche Verteilungsgesetz. Nur müssen wir bedenken, daß unsere letzte Gleichung unter der Voraussetzung abgeleitet wurde, daß x die Abweichung der Anzahl der weißen Kugeln von $n/2$ bedeutet. Wenn auch unsere Gleichung selbst nicht mehr unbedingt ganzzahlige x-Werte voraussetzt, so müssen wir doch auch inhaltlich die Voraussetzungen unseres Urnenschemas auf die der Fehler- bzw. Abweichungstheorie übertragen. Dem Urnenschema entsprechen die Zusammenhänge beim Galtonschen Nagelbrett. Hier würde dann n die Anzahl der waagerechten Nagelreihen bedeuten und x die Nummer des Faches, in das die Kugel schließlich fällt, wenn wir das mittlere Fach mit Null bezeichnen. Nun repräsentiert jede Nagelreihe, wie wir in Kap. 14 festgestellt hatten, für unsere Fehlertheorie eine Fehlerquelle, oder — wie wir jetzt sagen wollen — einen Elementarfehler. Wir können also x als die Anzahl der Elementarfehler auffassen, die nicht durch entgegengesetzte Elementarfehler ausgeglichen wurden und die Standardabweichung σ als die mittlere Anzahl dieser nichtausgeglichenen Elementarfehler. Der Elementarfehler selbst habe den sehr kleinen Betrag ε. Dann ist $x^* = x\cdot\varepsilon$ der Gesamtfehler und $\sigma^* = \sigma\cdot\varepsilon$ die Standardabweichung der betreffenden Größe. Der Exponent von e hat dann den Wert

$$-\frac{x^2}{2\sigma^2} = -\frac{x^2\varepsilon^2}{2\sigma^2\varepsilon^2} = -\frac{x^{*2}}{2\sigma^{*2}}.$$

Das heißt: Wir können ohne weiteres anstelle der Anzahl x der Elementarfehler den Fehler x^* selbst und anstelle von σ die Standardabweichung σ^* der betreffenden Größe selbst in unsere Formel (11) einsetzen, oder wir können einfacher x und σ als Fehler und „Standardfehler" selbst deuten und jetzt schreiben

$$y = \varphi(x) = \varphi(0) \cdot e^{-\frac{x^2}{2\sigma^2}}. \tag{12}$$

Bei unserem Übergang zum „Kontinuum" bedeutet hierin y nicht mehr eine Wahrscheinlichkeit für einen diskreten ganzzahligen x-Wert sondern eine „Wahrscheinlichkeitsdichte", dergestalt daß $\int_a^b y\,dx$ die Wahrscheinlichkeit dafür angibt, daß der Fehler (bzw. die Abweichung) x zwischen a und b liegt. Die Formel (12) deckt sich jetzt auch inhaltlich mit der zu beweisenden Formel (18.1). Lediglich die Tatsache, daß der konstante Faktor $\varphi(0) = \frac{1}{\sqrt{2\pi} \cdot \sigma}$ sein muß, ist noch nicht bewiesen worden. Dieser Beweis soll jetzt noch folgen, damit auch die letzte Beweislücke noch geschlossen wird.

Die Konstante $\varphi(0)$ muß offensichtlich so bemessen werden, daß die Gesamtfläche unter der Kurve $y = \varphi(x)$ wie in Kap. 18 definiert, die Größe 1 erhält. Das heißt also, es muß

$$\int_{-\infty}^{+\infty} \varphi(x)\,dx = \int_{-\infty}^{+\infty} \varphi(0) e^{-\frac{x^2}{2\sigma^2}} dx = 1$$

werden.

Setzen wir $\frac{x}{\sqrt{2}\,\sigma} = t$, so wird

$$\int_{-\infty}^{+\infty} \varphi(0) e^{-\frac{x^2}{2\sigma^2}} dx = \varphi(0) \int_{-\infty}^{+\infty} e^{-t^2} \sqrt{2}\,\sigma\,dt = \sqrt{2}\,\sigma\varphi(0) \int_{-\infty}^{+\infty} e^{-t^2} dt = 1.$$

Das heißt

$$\varphi(0) = \frac{1}{\sqrt{2}\,\sigma \int_{-\infty}^{+\infty} e^{-t^2} dt}.$$

Es bliebe jetzt nur noch zu beweisen, daß $\int_{-\infty}^{+\infty} e^{-t^2} dt = \sqrt{\pi}$ ist. Das soll im folgenden geschehen. Setzen wir

$$I = \int_{-\infty}^{+\infty} \mathrm{e}^{-u^2} \mathrm{d}u$$

so ist auch

$$I = \int_{-\infty}^{+\infty} \mathrm{e}^{-v^2} \mathrm{d}v .$$

Dann ist

$$I^2 = \int_{-\infty}^{+\infty} \mathrm{e}^{-u^2} \mathrm{d}u \cdot \int_{-\infty}^{+\infty} \mathrm{e}^{-v^2} \mathrm{d}v .$$

Hierfür dürfen wir schreiben

$$I^2 = \int_{-\infty}^{+\infty} \int_{-\infty}^{+\infty} \mathrm{e}^{-(u^2+v^2)} \mathrm{d}u \, \mathrm{d}v , \tag{13}$$

denn, wenn wir in dem Doppelintegral zunächst die Integration nach v ausführen, so ergibt sich

$$e^{-u^2} \mathrm{d}u \cdot \int_{-\infty}^{+\infty} \mathrm{e}^{-v^2} \mathrm{d}v = \mathrm{e}^{-u^2} \mathrm{d}u \cdot I .$$

Hieraus erhalten wir durch Integration nach u

$$I \int_{-\infty}^{+\infty} \mathrm{e}^{-u^2} \mathrm{d}u = I^2.$$

Der Wert des Doppelintegrals aus (13) soll durch Einführen einer neuen Veränderlichen $r = \sqrt{x^2+y^2}$ ermittelt werden. Betrachten wir u und v als Koordinaten eines Punktes in einer Ebene, so ist r sein Abstand vom Ursprung. Es ist dann

$$I^2 = \int \mathrm{e}^{-r^2} \mathrm{d}F$$

wenn sich die Integration über die gesamte u, v-Ebene erstreckt. Als Flächenelemente $\mathrm{d}F$ benutzen wir jetzt konzentrisch um den Ursprung gelegte Kreisringe von der Breite $\mathrm{d}r$. Dann ist

$$\mathrm{d}F = 2\pi r \, \mathrm{d}r .$$

Also ist

$$I^2 = 2\pi \int_0^\infty e^{-r^2} r\,dr.$$

Nun ist aber das hierzu gehörende unbestimmte Integral

$$\int e^{-r^2} r\,dr = -\frac{1}{2} e^{-r^2} + C$$

wie man leicht durch Differenzieren nachprüfen kann. Es ist also

$$\int_0^\infty e^{-r^2} r\,dr = \frac{1}{2}$$

und damit

$$I^2 = \pi$$

oder

$$I = \int_{-\infty}^{+\infty} e^{-t^2} dt = \sqrt{\pi}.$$

Damit ist auch – wenn wir jetzt wieder rückwärts gehen – bewiesen, daß

$$\varphi(0) = \frac{1}{\sqrt{2\pi}\cdot\sigma}$$

ist und hiermit wiederum nach Gleichung (12), daß das Verteilungsgesetz lautet

$$y = \varphi(x) = \frac{1}{\sqrt{2\pi}\,\sigma} \cdot e^{-\frac{x^2}{2\sigma^2}}.$$

Dies ist aber die zu beweisende Formel (18.1).

Dem Leser, der dem Beweis bis zu Ende gefolgt ist, soll zum Schluß noch etwas zur praktischen Anwendung seiner neuen Kenntnisse geboten werden.

Wollen wir wissen, wie groß etwa die Wahrscheinlichkeit $[w]_a^b$ dafür ist, daß ein Fehler (bzw. eine Abweichung vom Mittelwert) zwischen den Größen a und b liegt, so müssen wir bilden

$$[w]_a^b = \int_a^b y\,dx = \frac{1}{\sqrt{2\pi}\sigma} \int_a^b e^{-\frac{x^2}{2\sigma^2}} dx$$

oder, wenn wir wie oben setzen $\frac{x^2}{2\sigma^2} = t^2$,

$$[w]_a^b = \frac{1}{\sqrt{2\pi}\sigma} \cdot \sqrt{2}\,\sigma \int\limits_{t_a}^{t_b} e^{-t^2} dt.$$

Die Grenzen t_a und t_b finden wir zu

$$t_a = \sqrt{\frac{a^2}{2\sigma^2}} = \frac{a}{\sqrt{2}\,\sigma}$$

$$t_b = \frac{b}{\sqrt{2}\,\sigma}.$$

Also ist

$$[w]_a^b = \frac{1}{\sqrt{\pi}} \int\limits_{\frac{a}{\sqrt{2}\sigma}}^{\frac{b}{\sqrt{2}\sigma}} e^{-t^2} dt. \tag{14}$$

Das in (14) auftretende Integral ist nicht in geschlossener Form lösbar. Es sind deshalb Tabellen dafür berechnet worden. Der kurze Auszug einer solchen Tabelle sei hierunter angegeben.

Tabelle I für $\Phi_0(\gamma) = \frac{1}{\sqrt{\pi}} \int\limits_{-\gamma}^{+\gamma} e^{-t^2} dt = \frac{2}{\sqrt{\pi}} \int\limits_{0}^{+\gamma} e^{-t^2} dt$

(Gaußsches Wahrscheinlichkeitsintegral)

γ	$\Phi_0(\gamma)$	γ	$\Phi_0(\gamma)$	γ	$\Phi_0(\gamma)$	γ	$\Phi_0(\gamma)$	γ	$\Phi_0(\gamma)$
0,00	0,0000	0,50	0,5205	1,00	0,8427	1,50	0,9661	2,00	0,99532
0,05	0,0564	0,55	0,5633	1,05	0,8624	1,55	0,9716	2,05	0,99626
0,10	0,1125	0,60	0,6039	1,10	0,8802	1,60	0,9763	2,10	0.99702
0,15	0,1680	0,65	0,6420	1,15	0,8961	1,65	0,9804	2,15	0,99764
0,20	0,2227	0,70	0,6778	1,20	0,9103	1,70	0,9838	2.20	0,99814
0,25	0,2763	0,75	0,7112	1,25	0,9229	1,75	0,9867	2,25	0,99854
0,30	0,3286	0,80	0,7421	1,30	0,9340	1,80	0,9891	2,30	0,99886
0,35	0,3794	0,85	0,7707	1,35	0,9438	1,85	0,9911	2,40	0,99931
0,40	0,4284	0,90	0,7969	1,40	0,9523	1,90	0,9928	2,50	0,99959
0,45	0,4755	0,95	0,8209	1,45	0,9597	1,95	0,9942	3,00	0,99998

Eine *Aufgabe* sei hier noch angefügt: Wie groß ist der Bereich $\pm d$ in dem 50% aller Meßergebnisse liegen (d ist die sog. wahrscheinliche oder 50%-ige Abweichung)?

Lösung: Aus der Tabelle I bestimmen wir γ für $\Phi(\gamma) = 0{,}5$. Wir finden $\gamma = 0{,}477 = \frac{d}{\sqrt{2}\,\sigma}$, also $d = 0{,}477 \cdot \sqrt{2} \cdot \sigma = 0{,}674\sigma$.

Eine *weitere Aufgabe*: Wieviel % aller Messungsergebnisse umfaßt der 3σ-Bereich?

Lösung: $\gamma = \frac{3\sigma}{\sqrt{2}\,\sigma} = \frac{3}{\sqrt{2}} = 2{,}12$. Aus Tabelle I: $\Phi(2{,}12) = 0{,}9973$.

Das bedeutet: 99,73 % aller Meßergebnisse liegen innerhalb des 3σ-Bereiches. Damit ist die Angabe in Kap. 11 bestätigt.

Schließlich soll noch eine Tabelle angegeben werden für die Gaußsche Verteilungsfunktion selbst (und zwar für $\sigma = \frac{\sqrt{2}}{2} = 0{,}707$).

Tabelle II für die Gaußsche Verteilungsfunktion

$$y_0 = \varphi_0(x) = \frac{1}{\sqrt{\pi}} e^{-x^2}$$

x	y_0	x	y_0	x	y_0	x	y_0	x	y_0
0,0	0,564	0,6	0,394	1,2	0,134	1,8	0,022	2,4	0,0018
0,1	0,559	0,7	0,346	1,3	0,104	1,9	0,015	2,5	0,0011
0,2	0,542	0,8	0,298	1,4	0,080	2,0	0,010	2,6	0,0007
0,3	0,516	0,9	0,251	1,5	0,060	2,1	0,0069	2,7	0,0004
0,4	0,481	1,0	0,208	1,6	0,044	2,2	0,0045	2,8	0,0002
0,5	0,439	1,1	0,168	1,7	0,031	2,3	0,0029	2,9	0,0001

Die in der Tabelle II enthaltenen Werte sind leicht nachprüfbar. Integrieren wir diese Funktion $\varphi_0(x)$ über x, so erhalten wir die zugehörige „Summenfunktion" Φ_0^*. Der Leser kann, wenn er die betreffenden Verfahren kennt, die in Tabelle I angegebenen Werte für $\Phi_0(\gamma)$ auf dem Wege der graphischen oder numerischen Integration nachprüfen.

In Abb. 23 sind die für $\sigma = \frac{\sqrt{2}}{2}$ normierten Verteilungs- bzw. Summenkurven

$$y = \frac{1}{\sqrt{\pi}} e^{-x^2} \quad \text{und} \quad \Phi_0^*(x) = \frac{1}{\sqrt{\pi}} \int_{-\infty}^{x} e^{-t^2} dt$$

untereinander gezeichnet. Die Bereiche für σ, 3σ und die 50%-ige Abweichung d sind angegeben.

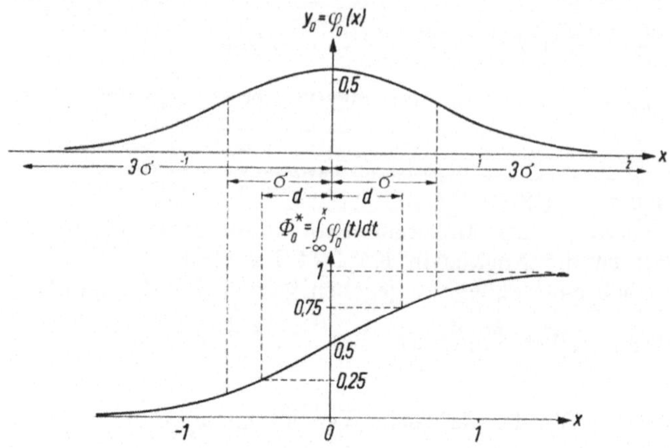

Abb. 23. Für $\sigma = \frac{\sqrt{2}}{2}$ normierte Verteilungs- bzw. Summenkurve

Eine letzte Aufgabe sei dem Leser noch vorgeschlagen: Weise nach, daß die Verteilungskurve $y = \frac{1}{\sqrt{2\pi}\,\sigma} \cdot e^{-\frac{x^2}{2\sigma^2}}$ gerade an den Stellen $x = \pm\sigma$ Wendepunkte hat!

Bücher für Mathematiker

Kombinatorik

Von Prof. Dr. KARL WELLNITZ, Berlin. „Beihefte für den mathematischen Unterricht", Heft 6. 3., durchgesehene und erweiterte Auflage. DIN A 5. IV, 56 Seiten mit 1 Abbildung. 1964. Broschiert. DM 3,90 (Best.-Nr. 806), mit „Lösungen der Übungsaufgaben" (Best.-Nr. 8806) kostenlos.

Inhalt: Permutationen verschiedener Elemente — Permutationen von zum Teil gleichen Elementen — Kombinationen ohne Wiederholung — Kombinationen mit Wiederholung — Variationen — Tabellen I und II — Formelverzeichnis.

Dieses Heft enthält die grundlegenden Begriffe der Kombinatorik. An zahlreichen interessanten Beispielen und Übungsaufgaben werden sie erläutert. Es stellt gleichzeitig die Vorstufe zur Wahrscheinlichkeitsrechnung dar.

Klassische Wahrscheinlichkeitsrechnung

Von Prof. Dr. KARL WELLNITZ, Berlin. „Beihefte für den mathematischen Unterricht", Heft 7. 3., durchgesehene Auflage. DIN A 5. IV, 88 Seiten mit 19 Abbildungen. 1964. Broschiert. DM 4,80 (Best-Nr. 807), mit „Lösungen der Übungsaufgaben" (Best.-Nr. 8807) kostenlos.

Inhalt: Die klassische Wahrscheinlichkeitsrechnung: Vorbemerkungen. Definition der mathematischen Wahrscheinlichkeit. Über das Rechnen mit Wahrscheinlichkeiten. Relative Wahrscheinlichkeit und Bayessche Regel. Abhängigkeit und allgemeines Multiplikationsgesetz. Mathematische Hoffnung. Spielprobleme. Das Gesetz der großen Zahlen. Die Gaußsche Verteilung. Das Bernoullische Theorem. Die Mendelschen Gesetze. Geometrische Wahrscheinlichkeit.

Moderne Wahrscheinlichkeitsrechnung

Von Prof. Dr. KARL WELLNITZ, Berlin. „Beihefte für den mathematischen Unterricht", Heft 9. DIN A 5. IV, 100 Seiten mit 8 Abbildungen. 1964. Broschiert. DM 5,80 (Best.-Nr. 809), mit „Lösungen der Übungsaufgaben" (Best.-Nr. 8809) kostenlos.

Inhalt: Kritik an der klassischen Wahrscheinlichkeitsrechnung — Zahlenfolgen, Häufungspunkte und Grenzwerte — Der Wahrscheinlichkeitsbegriff bei *Richard von Mises* — Wahrscheinlichkeit a posteriori ohne Forderung der Regellosigkeit — Periodische Ereignisfolgen — Grundgesetze der Wahrscheinlichkeitsrechnung in moderner Darstellung. Die Wahrscheinlichkeit als Grenzwert einer Doppelfolge — Statistik — Anwendung der Gauß-Laplaceschen Integralformel — Fehlerrechnung — Tabellen — Literatur — Namen- und Sachregister.

Bitte fordern Sie ausführliche Prospekte an.

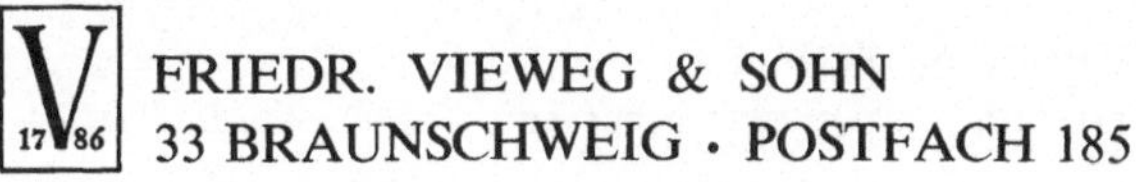

Bitte beachten Sie die Rückseite